Oswald Schmiedeberg, Richard Koppe

Das Muscarin

Das giftige Alkaloid des Fliegenpilzes

Oswald Schmiedeberg, Richard Koppe

Das Muscarin
Das giftige Alkaloid des Fliegenpilzes

ISBN/EAN: 9783742808318

Hergestellt in Europa, USA, Kanada, Australien, Japan

Cover: Foto ©berggeist007 / pixelio.de

Manufactured and distributed by brebook publishing software
(www.brebook.com)

Oswald Schmiedeberg, Richard Koppe

Das Muscarin

DAS MUSCARIN

DAS GIFTIGE ALKALOID DES FLIEGENPILZES

(AGARICUS MUSCARIUS L.),

SEINE

DARSTELLUNG, CHEMISCHEN EIGENSCHAFTEN,
PHYSIOLOGISCHEN WIRKUNGEN, TOXICOLOGISCHE BEDEU-
TUNG UND SEIN VERHÄLTNISS ZUR PILZVERGIFTUNG
IM ALLGEMEINEN

VON

DR. OSWALD SCHMIEDEBERG,
DOCENT FÜR PHARMAKOLOGIE UND DIÄTETIK AN DER UNIVERSITÄT DORPAT

UND

DR. RICHARD KOPPE,
ASSISTENZARZT DER UNIVERSITÄTSPOLIKLINIK ZU DORPAT.

LEIPZIG,
VERLAG VON F. C. W. VOGEL.
1869.

INHALT.

EINLEITUNG.

Das Interesse, welches der Fliegenpilz (Agaricus muscarius L., Amanita muscaria Pers.) unter den Giftschwämmen seiner weiten Verbreitung und seines häufigen Vorkommens wegen in rein wissenschaftlicher hauptsächlich aber in praktischer Hinsicht bietet, ist für zahlreiche Forscher eine Aufforderung gewesen, denselben einer eingehenden Untersuchung zu unterwerfen, die hauptsächlich auf die Isolirung und Reindarstellung des giftigen Bestandtheils gerichtet war. Aber während beinahe aus allen Giftgewüchsen die ihnen eigenthümlichen giftigen Stoffe rein gewonnen und auf ihre chemischen Eigenschaften und physiologischen Wirkungen untersucht werden konnten, sind bekanntlich alle derartigen, die giftigen Pilze betreffenden Demühungen bisher fast völlig erfolglos geblieben. Es konnte nicht einmal mit Sicherheit festgestellt werden, ob das Gift des Fliegenpilzes sowie der übrigen Giftschwämme der Gruppe der Alkaloide, der Säuren oder der in dieser Hinsicht indifferenten Stoffe angehöre. Obgleich nach Analogie mit anderen Giftstoffen des Pflanzenreichs sowie nach den bekannten Versuchen von Letellier auf die alkaloide Natur des im Fliegenpilz und in einzelnen diesem nahe stehenden Arten enthaltenen giftigen Bestandtheils mit einiger Wahrscheinlichkeit geschlossen werden durfte, so mochten dennoch, gestützt auf chemische Untersuchungen, Ansichten auf, welche das Vorkommen einer giftigen Säure im Fliegenpilz zu vertreten suchten.

Auch wir sind durch jenes Interesse und die Wichtigkeit des Gegenstandes zu den vorliegenden Untersuchungen veranlasst worden. Da wir uns bei denselben nur wenig und mit grosser Vorsicht auf schon vorhandene Angaben stützen durften, so konnten wir um so unbefangener zu Werke gehen, ohne von vorgefassten Meinungen irre geführt zu werden; und indem wir unsere Aufmerksamkeit ausschliesslich dem giftigen Bestandtheil zuwandten ohne die übrigen, nicht giftigen zu berücksichtigen, deren Untersuchung bei den meisten bisherigen Arbeiten die Ha tsache, die des giftigen Stoffes die Nebensache gebildet hat, ist es uns gelungen aus dem Fliegenpilz ein Alkaloid darzustellen, dem wir den Namen Muscarin geben. Den von Letellier für den giftigen Bestandtheil von Agaricus muscarius L., Agaricus bulbosus Bull. (Ag. phalloides Fr.) und Agaricus vernus DC. vorgeschlagenen Namen Amanitin glauben wir nicht beibehalten zu dürfen, weil jener Autor diesen Stoff nicht rein erhalten und daher nicht näher charakterisirt hat, und weil unsere Untersuchungen sich nur auf den Fliegenpilz beschränken. Sollte aber, wie wir Grund haben zu vermuthen, das Muscarin sich auch in anderen giftigen Pilzen namentlich Agaricusarten finden, so dürfte es dennoch nicht unzweckmässig sein die Bezeichnung für den gemeinsamen giftigen Bestandtheil dem Namen einer durch ihre toxischen Eigenschaften hervorragenden Species zu entlehnen, die selbst nach ihrer von dem Giftstoff abhängigen Eigenschaft, Fliegen zu tödten, benannt worden ist.

Wenn wir unseren Untersuchungen nicht den erreichbaren Grad der Vollendung zu geben im Stande waren, so hat das hauptsächlich seinen Grund darin, dass die zur Reindarstellung unseres Alkaloids nöthigen Vorversuche einen bedeutenden Theil unseres Materials consumirt hatten, bevor die eigentliche Arbeit begonnen und brauchbare Resultate erhalten werden konnten, und dass ausserhalb der Vegetationszeit die Pilze nicht zu beschaffen sind. Dass wir das in geringer Quantität gewonnene Alkaloid statt zu einer kaum theoretisches Interesse beanspruchenden Elementaranalyse zur Feststellung seiner physiologischen Wirkungen, soweit das möglich war, verwendet haben, bedarf keiner Rechtfertigung. Diese Wirkungen bieten nicht nur ein hohes wissenschaftliches, sondern auch ein praktisches Interesse dar, da ihr Studium uns dahin geführt hat, gegen das Gift des Fliegenpilzes in dem Atropin ein physiologisches Antidot im wahren Sinne des Wortes kennen zu lernen, das bei zufälligen Vergiftungen mit dieser weit verbreiteten Pilzspecies die Gefahren in hohem Grade zu verringern, wahrscheinlich sogar ganz zu beseitigen im Stande sein wird.

Die Fliegenpilze, die zu unseren Untersuchungen dienten, waren im Herbst 1868 in der Umgegend von Dorpat gesammelt. Sie wurden frisch oder nach kurzem Stehen zusammen mit den Stielen in einer gewöhnlichen Pflanzenpresse ausgepresst, der Pressrückstand mit Wasser angerührt und von neuem ausgepresst. Die gewonnenen Flüssigkeiten wurden vereinigt und auf dem Wasserbade zur dicken Extractconsistenz eingedampft. Dieses Extract war das Material für die Darstellung des Muscarins. Als Mittel das Gift durch alle chem. Manipulationen hindurch zu verfolgen, es bei den Prüfungen auf sein Verhalten gegen Lösungs- und Fällungsmittel mit Sicherheit nachzuweisen, diente seine Wirkung auf Katzen, bei denen schon durch sehr kleine Mengen charakteristische Erscheinungen hervorgerufen werden. Frösche sind als physiologisches Reagens bei der Prüfung von Pflanzenextracten auf ihre giftigen Eigenschaften nur mit der grössten Vorsicht zu gebrauchen, weil die in solchen Extracten enthaltenen, auch die alkoholischen Auszüge begleitenden Kalisalze auf diese Thiere sehr giftig wirken, wie wir uns durch die Vergleichung der Wirkungen eines alkoholischen Extracts und der Asche desselben überzeugen konnten.

Für die Redaction der ersten beiden Capitel mit Ausnahme des Theils, der sich auf die Pupille und Accommodation bezieht, ist ausschliesslich der Eine von uns (S.), für die des letzten Capitels der Andere (K.) verantwortlich.

Dorpat, im März 1869.

ERSTES CAPITEL.

Darstellung und Eigenschaften des Muscarins.

Die Darstellung des Muscarins zerfällt in zwei Theile: 1) die vorläufige Reinigung des eingedickten Pilzsaftes und 2) die Isolirung des Muscarins durch Anwendung von Fällungsmitteln.

Die vorläufige Reinigung beruht auf der leichten Löslichkeit des Muscarins und seiner Salze in absolutem Alkohol und auf der allen Alkaloiden gemeinsamen Eigenschaft durch Bleiessig und Ammoniak nicht gefällt zu werden und ist von uns in folgender Weise ausgeführt worden.

Das eingedickte Extract wurde in wenig Wasser gelöst, so dass ein dünnflüssiger Syrup entstand, den wir mit dem doppelten oder dreifachen Volum starken Weingeistes versetzten. Nach dem Abfiltriren und Auswaschen des entstandenen Niederschlages mit wässrigem Alkohol wurden der klare, aber dunkelgefärbte alkoholische Auszug und die Waschflüssigkeit vereinigt, der Alkohol auf dem Wasserbade abdestillirt, und der Rest desselben aus dem Rückstande durch Erwärmen in einer flachen Porzellanschale verjagt. Die Masse wurde sodann in Wasser gelöst und mit Bleiessig und Ammoniak ausgefällt. Wenn man letztere Operation vornimmt, ohne die Behandlung des Extractes mit Alkohol vorausgehen zu lassen, so wird das Abfiltriren der Flüssigkeit vom Bleiessigniederschlage wegen der Anwesenheit von eiweissartigen und anderen Stoffen sehr erschwert oder ganz unmöglich.

Das Filtrat wurde nun auf dem Wasserbade bei mässiger Temperatur zur Syrupconsistenz eingedampft, die Masse nach dem Vermischen mit Glaspulver möglichst stark eingetrocknet, mit absolutem Alkohol extrahirt, filtrirt, und das Filtrat bei gelinder Wärme zur Trockne gebracht. Jetzt wurde das Ausfällen mit Bleiessig und Ammoniak wiederholt, und das zum

Syrup eingedampfte Filtrat zur Verjagung des Ammoniaks mit einem Ueberschuss von Bleioxydhydrat eingetrocknet, mit absolutem Alkohol extrahirt, die filtrirte Lösung bis zur völligen Verjagung des Alkohols eingedampft, der Rückstand in wenig Wasser gelöst und mit so viel verdünnter Schwefelsäure versetzt, dass man annehmen konnte, alle Basen seien in schwefelsaure Salze umgewandelt. Nach dem Abfiltriren des schwefelsauren Bleis wurde die Flüssigkeit in einer verschlossenen Flasche so lange mit immer neuen Mengen von Aether geschüttelt, bis die Essigsäure möglichst vollständig aus der wässrigen Flüssigkeit entfernt war, die nach dem Verdunsten des Aethers und nach Zusatz von Barytlösung bis zur mässig sauren Reaction und darauf folgendes Filtriren unmittelbar zur Isolirung des Muscarins benutzt werden kann. Doch wiederholten wir nach vorhergegangenem sorgfältigen Neutralisiren mit Barytwasser das Eindampfen zur Trockne und Extrahiren mit wasserfreiem Alkohol, um auch die Salze fortzuschaffen. Der nach dem Verdunsten des Alkohols hinterbleibende Rückstand bildet eine dunkelgelbe oder bräunlich gefärbte, syrupartige Masse, die wenig unorganische Bestandtheile enthält und schon in kleinen Mengen sehr giftig wirkt. Das Schütteln mit Aether hat keinen Verlust an Muscarin zur Folge, da dasselbe aus der wässerigen Lösung, möge dieso sauer oder alkalisch sein, nicht in den Aether übergeht.

Selbstverständlich braucht man diese Behaudlungsweise nicht streng so einzuhalten, wie wir sie beschrieben; man kann die einzelnen Manipulationen nach Umständen und Bequemlichkeit abändern, wol auch manche derselben weglassen, andere wiederholen, um die vorläufige Reinigung möglichst vollständig zu erzielen, denn hiervon hängt zum Theil die Ausbente an Muscarin, ganz besonders aber der Grad seiner Reinheit ab.

Zur Darstellung des Muscarins aus der in Wasser gelösten, mit Schwefelsäure angesäuerten und mit Thierkohle entfärbten syrupartigen Masse kann man eine Lösung von Kaliumquecksilberjodid oder Kaliumwismuthjodid benutzen. Bei Anwendung der ersteren Lösung erhält man das Alkaloid sehr rein, aber die Ausbeute ist eine geringere als beim Kaliumwismuthjodid, welches indess in geringem Grade noch andere Stoffe mitzufällen scheint.

Die Lösung von Kaliumquecksilberjodid wird in der Weise bereitet, dass man zu einer mässig concentrirten Lösung von Jodkalium so lange

Quecksilberjodid zusetzt, bis vom letzteren beim Stehen und öfteren Umschütteln nichts mehr gelöst wird. Den Ueberschuss von Quecksilberjodid filtrirt man sodann ab und prüft, ob aus der Lösung auf Zusatz von Wasser eine Ausscheidung von Quecksilberjodid erfolgt. Ist letzteres der Fall, so setzt man etwas Wasser zu und filtrirt nochmals. Es ist bei der Anfertigung dieser Lösung ganz besonders darauf zu achten, dass dieselbe keinen Ueberschuss von Jodkalium enthält, wie das bei der nach Mayer's Vorschrift zur Fällung der Alkaloide bereiteten Kaliumquecksilberjodid-Lösung der Fall sein muss. Die Gegenwart von überschüssigem Jodkalium verhindert die Fällung des Muscarins vollständig, daher bringt das Mayer'sche Reagens keinen Niederschlag hervor, während die obige Flüssigkeit einen Niederschlag erzeugt. der in concentrirten Lösungen und bei Gegenwart von Verunreinigungen amorph körnig ist, in verdünnteren, wenn eine sorgfältige Reinigung des Extractes vorausgegangen ist, sich allmälig bildet und die Gestalt gut ausgebildeter Krystalle besitzt. Man fahre mit dem Zusatz der Kaliumquecksilberjodid-Lösung so lange fort, als noch eine wahrnehmbare Fällung entsteht und füge sodann etwas verdünnte Schwefelsäure hinzu, wobei dann meist noch eine weitere Fällung eintritt.

Nie gelingt es indess auf diese Weise alles in der Lösung enthaltene Muscarin anzufällen. Wenn man die Flüssigkeit von dem gelben Niederschlage abfiltrirt, mit Baryt bis zur schwach alkalischen Reaction versetzt, Schwefelwasserstoff einleitet, das Jod mit Bleiessig ausfällt, das überschüssige Blei mit Schwefelsäure entfernt und die filtrirte Lösung einengt, so erhält man auf Zusatz von Kaliumquecksilberjodid von Neuem denselben gelben Niederschlag und häufig in nicht geringerer Menge als das erste Mal. Diese Operation kann man 3—4 Mal wiederholen und man erhält immer wieder obgleich stets abnehmende Mengen des Niederschlages. Hierbei muss man von Zeit zu Zeit die Essigsäure aus dem Filtrat vom Bleiessigniederschlage durch Schütteln mit Aether entfernen.

Der Grund für diese eigenthümliche Behinderung der Ausfällung des Alkaloids durch Kaliumquecksilberjodid liegt offenbar darin, dass bei der Bildung des Muscarinquecksilberjodid-Niederschlages Jodkalium frei wird, das, wie erwähnt, die weitere Fällung verhindert. Es geht das auch daraus hervor, dass, wenn man zu dem Filtrate vom Muscarinniederschlage eine Lösung des Alkaloids in nicht zu grosser Menge sowie Kaliumquecksilberjodid zusetzt, keine Fällung erfolgt. Bei Anwendung dieses Fällungsmittels ist ganz besonderes Gewicht auf eine sorgfältige vorläufige Reinigung zu legen, da z. B. in einer Lösung des ursprünglichen Extractes, die blos mit Bleiessig und Ammoniak angefällt ist, Kaliumquecksilberjodid gar keinen Niederschlag hervorbringt.

Was die Anwendung des Kaliumwismutbjodids betrifft, so schadet hier ein geringer Ueberschuss von Jodkalium nicht viel und es braucht auch keine so sorgfältige Reinigung des Extractes vorauszugeben, um eine möglichst vollständige Ausfällung des Alkaloids zu erzielen; doch ist dasselbe meist sehr unrein, und selbst ein nochmaliges Fällen mit demselben Reagens führt nicht immer zum Ziele.

Um das Muscarin aus der Verbindung mit Jod und Quecksilber frei zu machen, hat sich folgendes Verfahren am zweckmässigsten erwiesen.

Der Niederschlag wird auf einem Filter gesammelt und mit schwefelsäurehaltigem Wasser gut ausgewaschen. Bei Anwendung von reinem Wasser findet unter Einwirkung der Luft eine Dunkelfärbung des Niederschlages statt, die wahrscheinlich von einer beginnenden Zersetzung abhängig ist. Den ausgewaschenen Niederschlag vertheilt man sodann in Wasser, setzt etwa das gleiche Volum feuchten Barythydrats hinzu und leitet Schwefelwasserstoff ein. Der Zusatz von Barythydrat hat den Zweck, die Zersetzung des Niederschlages zu ermöglichen, da derselbe in neutraler oder saurer Lösung durch Schwefelwasserstoff nicht zersetzt wird. Auch Baryt allein ist nicht im Stande das Alkaloid frei zu machen. Man nehme lieber zu viel als zu wenig Barythydrat, weil durch eine ungenügende Menge jener Zweck nur unvollkommen erreicht wird, während ein Ueberschuss nichts schadet, höchstens durch Bildung von Schwefelbaryum die Zersetzung etwas verzögert und einen grösseren Verbrauch der zunächst anzuwendenden Silberlösung erheischt. Nachdem so lange Schwefelwasserstoff durchgeleitet ist, dass die Flüssigkeit auch beim Umschütteln stark darnach riecht, und das Schwefelquecksilber sich als Niederschlag abgeschieden hat, filtrirt man und versetzt das Filtrat mit einem Ueberschuss von schwefelsaurem Silber, das man sich am besten durch Mischen von kohlensaurem Silber und Schwefelsäure bereitet, versetzt hierauf das Gemisch mit Schwefelsäure bis zur schwach sauren Reaction und filtrirt. Auf dem Filter bleiben Schwefelsilber, Jodsilber und schwefelsaures Baryum, während das Filtrat Muscarin und schwefelsaures Silber in Lösung enthält. Zur Entfernung des letzteren versetzt man die Flüssigkeit im Ueberschuss mit Barythydrat, filtrirt und leitet Kohlensäure ein. Das Filtrat vom kohlensauren Baryum ist meist wasserhell oder kaum merklich gelb gefärbt, reagirt bei hinlänglich langem Einleiten von Kohlensäure neutral oder schwach sauer und entwickelt mit Säuren Kohlensäure. Man lässt

hierauf die Flüssigkeit an einem warmen Orte zur Trockne
verdunsten, löst den Rückstand in absolutem Alkohol und filtrirt. Nach dem Verdunsten über Schwefelsäure hinterbleibt
ein gelblich oder schwach bräunlich gefärbter, seltener farb-
loser, sehr hygroskopischer Syrup, der beim Stehen über Schwefelsäure, wenn das Eintrocknen nicht zu rasch erfolgt, sich
in eine aus dünnen Plättchen bestehende Krystallmasse umwandelt. Diese Krystalle zerfliessen an der Luft fast momentan, so dass eine Isolirung und nähere Untersuchung derselben
nicht möglich ist. Die nach dem Eindampfen der ursprünglichen Lösung sowie nach dem Zerfliessen der Krystallmasse
hinterbleibende syrupartige Masse reagirt sehr stark alkalisch
und entwickelt auf Zusatz von Säuren Kohlensäure. Beim
längeren Stehen über Schwefelsäure, besonders aber beim
Versuch, die Masse bei höherer Temperatur zu trocknen, findet
eine Bräunung statt.

Wenn man die ursprüngliche Lösung, statt sie durch Kohlensäure vom Baryt zu befreien, sorgfältig mit Schwefelsäure
neutralisirt, vom schwefelsauren Baryum abfiltrirt und an
einem warmen Orte allmälig eindampfen lässt, wobei man
von Zeit zu Zeit die Reaction wenn nöthig durch Schwefelsäure oder Barytlösung corrigirt, sodann den Rückstand in absolutem Alkohol löst und die Lösung über Schwefelsäure verdunsten lässt, so erhält man als Rückstand eine syrupartige
Masse, die sehr bald krystallinisch wird, oder es hinterbleibt
wol auch sofort nach dem Verdunsten eine Krystallmasse, die
an der Luft sogleich zerfliesst. Falls dieselbe etwas gefärbt erscheint, so löst man sie in Wasser und entfärbt mit gereinigter
Thierkohle, wodurch die Flüssigkeit vollkommen wasserhell
wird und beim Verdunsten im Vacuum über Schwefelsäure
einen farblosen oder spurenhaft gelblich gefärbten Syrup hin-
terlässt, der sich in jene zerfliessliche Krystallmasse umwandelt.

Falls die syrupartige Masse sehr dunkel erscheint und
auch durch Thierkohle nicht entfärbt werden kann, so bleibt
nichts übrig, als die Fällung mit Kaliumquecksilberjodid zu
wiederholen.

Das Freimachen des Muscarins aus der Kaliumwismuthjodid-Verbindung geschieht ganz in derselben Weise.

Wie man sieht, ist die hier angegebene Darstellungsweise des

Muscarins keineswegs eine einfache und bequeme; dazu war die
Ausbeute eine so geringe (0,7—0,8 Grmm. schwefelsauren Muscarins
aus mehr als 1 Kilo consistenten Extracts), dass wir bemüht waren,
einen besseren und bequemeren Weg der Darstellung zu finden,
ohne dass indess diese Bemühungen mit Erfolg gekrönt gewesen
wären. Alle anderen weiter unten aufgeführten Fällungsmittel des
Muscarins erwiesen sich als unbrauchbar, weil sie das Alkaloid nur
aus seinen reinen Lösungen fällen, wie die Phosphormolybdänsäure,
oder weil die Fällung eine sehr unvollkommene ist, wie bei der
Gerbsäure, deren Zersetzungsproducte beim Freimachen der Base
letztere ausserdem mehr verunreinigen, als die Fällung sie reinigt.

Nach der Erfahrung, die wir in einem freilich vereinzelten Falle
gemacht, würden wir in Zukunft bei der Darstellung des Muscarins
nicht ein Extract aus den frischen Pilzen bereiten, sondern dieselben
bei mässiger Temperatur oder an der Luft trocknen, pulvern, mit
starkem Alkohol wiederholt extrahiren, die alkoholischen Auszüge
verdampfen, den Rückstand in Wasser lösen und durch Filtriren das
Fett entfernen. Nach dem Behandeln mit Bleiessig und Ammoniak
und Entfernen des überschüssigen Bleies mit Schwefelsäure, erhält man
eine gelblich gefärbte Lösung, die so rein ist, dass sie unmittelbar
zum Ausfällen des Alkaloids durch Kaliumquecksilber- oder Kaliumwismuthjodid benutzt werden kann. Auch beim Eindampfen dieser
Lösung zur Trockne (nach dem Neutralisiren), tritt eine merkliche
Dunkelfärbung nicht ein, wie das bei dem von uns benutzten Extract
stets der Fall zu sein pflegt. Durch dieses Verfahren vermeidet man
jedenfalls eine theilweise Zersetzung des Alkaloids, die namentlich
beim Eindampfen und Eintrocknen des Extracts mit Bleioxyd wol
stets eintreten wird. Wir konnten in dieser Weise aus 30 Grmm.
getrockneter Fliegenpilze, die nach vorhandenen Aufzeichnungen seit
mindestens 30 Jahren in der Sammlung des hiesigen pharmakologischen
Instituts aufbewahrt waren, 0,006 Grmm. reines, trockenes, schwefelsaures Muscarin darstellen.

Die Eigenschaften des nach obigen Darstellungsweisen
gewonnenen Muscarins sind folgende:

Die freie Base — durch Versetzen der Lösung des schwefelsauren Salzes mit Barytlösung in geringem Ueberschuss, Eindampfen im Vacuum über Schwefelsäure zur völligen Trockne,
Extrahiren des Rückstandes mit absolutem Alkohol gewonnen —
stellt an der Luft eine geruch- und geschmacklose, stark alkalisch reagirende, farblose, syrupartige Masse dar, die in
Wasser und absolutem Alkohol in jedem Verhältniss löslich,
unlöslich in Aether, sehr wenig löslich in Chloroform ist und
beim Stehen über Schwefelsäure allmälig krystallinisch wird,
an die Luft gebracht aber sofort wieder zerfliesst.

Beim Erwärmen wird die trockene, krystallinische Masse

zunächst flüssig und beginnt bei ungefähr 80° C. sich etwas zu bräunen; über 100° C. erhitzt wird sie fest, schmilzt hierauf beim stärkeren Erwärmen abermals unter Entwicklung eines schwachen tabakähnlichen Geruchs und verbrennt ohne Neigung zum Sublimiren.

Durch 5—10 Minuten lang fortgesetztes Kochen mit verdünnter Kalilösung wird das Muscarin nicht verändert, wenigstens bleibt die Flüssigkeit völlig farblos und klar und giebt nach dem Ansäuern mit Schwefelsäure wie zuvor die Reaction mit Kaliumwismuthjodid. Aehnlich verhält es sich beim Kochen mit verdünnter Schwefelsäure.

Erhitzt man das Muscarin mit feuchtem Kalihydrat, so tritt anfangs ein schwacher Geruch nach verbranntem Leim, beim weiteren Erhitzen ein ziemlich starker, widerlicher, eigenthümlich fisch- oder fischthranähnlicher Geruch auf und dann entwickelt sich in reichlicher Menge Ammoniak. Eine Bräunung und Schwärzung des schmelzenden Kalihydrats findet erst bei längerem Erhitzen statt. Wir lassen es dahingestellt sein, ob der Geruch nach verbranntem Leim etwas Eigenthümliches mit dem Stickstoffgehalt im Zusammenhang Stehendes ist, da die Möglichkeit der Verunreinigung mit Sporen anderer Stoffe bei der obigen Darstellungsweise nicht völlig ausgeschlossen ist, und die Eigenschaften des Muscarins eine Reinigung durch Umkrystallisiren nicht gestatten. Dagegen ist es unzweifelhaft, dass der eigenthümliche Fischgeruch, der sich bei dieser Behandlungsweise entwickelt, etwas Charakteristisches ist. Denselben beobachtet man zuweilen auch beim Stehen der freien Base im Exsiccator, aber nur unmittelbar nach dem Abheben der Glocke, ferner zuweilen beim Freimachen der Base aus der Kaliumquecksilber- und Kaliumwismuthjodid-Verbindung in der zum Ausfällen von Schwefelsäure und Silber mit Baryt versetzten Flüssigkeit.

Beim Erhitzen des schwefelsauren Muscarins tritt gegen 100° C. eine leichte Bräunung ein, die bis 130° C. ziemlich unverändert bleibt; dann beginnt stärkere Bräunung, wobei sich bei 150—160° C. ein brenzlicher Geruch entwickelt. Beim weiteren Erhitzen schmilzt die Masse unter Schwärzung und Auftreten jenes tabakähnlichen Geruchs.

Concentrirte Schwefelsäure für sich oder mit etwas Salpetersäure gemischt giebt weder beim Stehen noch beim Erwärmen

eine Farbenveränderung. Erst beim beginnenden Verdampfen
der Schwefelsäure tritt Bräunung ein.

Auch ein Gemisch von Manganhyperoxyd und concentrirter
Schwefelsäure giebt keine Reaction.

Chlorwasser bringt keine Farbenveränderung hervor.

In einer Mischung von saurem chromsaurem Kali mit concentrirter Schwefelsäure tritt Reduction von Chromsäure zu
Chromoxyd ein.

Uebermangansaures Kali wird in der Lösung des schwefelsauren Muscarins allmälig unter Abscheidung von Manganoxyd
zersetzt.

Bromwasser im Ueberschuss erzeugt einen gelben Niederschlag, der sehr bald verschwindet, worauf die Flüssigkeit
anfangs gelb gefärbt, nach einiger Zeit vollkommen farblos
erscheint. Bringt man einen Tropfen der syrupartigen Masse
des schwefelsauren Muscarins unter eine Glasglocke, in der
sich Bromdämpfe befinden, so färbt er sich bald gelb und
trübt sich vom Rande aus, wie durch Bildung eines Niederschlages. Beim Stehen an freier Luft verschwindet zunächst
die Trübung, sodann auch die Gelbfärbung, und man hat un-
verändertes schwefelsaures Muscarin, das sich gegen Bromdämpfe wie zuvor verhält.

Jod-Jodkaliumlösung und wässrige Jodtinctur bringen in
der Lösung des Muscarins keinen Niederschlag hervor.

Das Muscarin ist eine sehr starke Base, und dürfte in
dieser Beziehung unter den Alkaloiden nur mit dem Nicotin
verglichen werden. Sie bildet mit Kohlensäure eine Verbindung, die selbst beim Eindampfen in mässiger Wärme nur
theilweise zersetzt wird, und fällt Kupfer- und Eisenoxyd aus
ihren Lösungen. Das schwefelsaure Salz, wie oben angegeben
gewonnen, bildet wie die freie Base an der Luft eine syrupartige Masse, die im Exsiccator leicht krystallinisch wird.
Die Krystalle zerfliessen sofort an der Luft und sind in absolutem Alkohol in jedem Verhältniss löslich; die Lösung mit
überschüssigem Ammoniak zur Trockne eingedampft, hinter-
lässt schwefelsaures Muscarin.

Im Wasser ganz unlösliche Verbindungen scheint das
Muscarin mit Säuren nicht zu bilden. Durch Gerbsäure wird
es aus der schwefelsauren Lösung nicht gefällt; die freie Base
giebt nur in concentrirteren Lösungen einen Niederschlag, der

in einer grösseren Menge von Wasser und Alkohol löslich ist.
Saures chromsaures Kali und Pikrinsäure erzeugen keinen
Niederschlag.

Kaliumquecksilberjodid, wie oben angegeben bereitet, giebt
in concentrirteren sauren Lösungen einen amorphen, gelben
Niederschlag, der beim Stehen krystallinisch wird. In verdünnteren Lösungen bilden sich ziemlich grosse, gut aus-
gebildete, octaëdrische, prächtig irisirende Krystalle, die sehr
beständig, in Aether sehr schwer, leichter in Alkohol, sehr
leicht in Jodkaliumlösung löslich sind. So lange der Niederschlag amorph ist, ist er in Aether und Alkohol ziemlich leicht
löslich.

Kaliumwismuthjodid giebt einen amorphen, rothen Niederschlag, der sich beim Stehen in Krystalle umwandelt, welche
in verdünnteren Lösungen makroskopisch und sehr beständig
sind und im durchfallenden Lichte tief granatroth gefärbt erscheinen. Die Krystalle, wie auch der amorphe Niederschlag
sind unlöslich in Alkohol und Aether, sehr wenig löslich
in Jodkaliumlösung; daher giebt nicht nur Kaliumwismuthjodid ohne Ueberschuss von Jodkalium, sondern auch das
Dragendorff'sche Reagens[1], welches einen Ueberschuss von
Jodkalium enthält, in den Lösungen des Muscarins einen
Niederschlag.

Quecksilberchlorid lässt mässig concentrirte Lösungen des
schwefelsauren Salzes anfangs unverändert, beim Stehen schei-
den sich ziemlich grosse, glänzende Krystalle aus.

Platinchlorid giebt auch beim Stehen keinen Niederschlag.

Goldchlorid giebt sofort einen feinkörnigen Niederschlag,
ohne deutliche Krystallstructur.

Kaliumplatin- und Kaliumeisencyanür lassen die Lösungen
des Muscarins unverändert.

Phosphormolybdänsäure erzeugt einen flockigen Niederschlag, der auch beim Stehen nicht krystallinisch wird.

Phosphorwolframsäure giebt einen feinkörnigen, nicht
deutlich krystallinischen Niederschlag.

Wenden wir uns zum Schlusse dieses Theils unserer
Arbeit den hauptsächlichsten früheren Untersuchungen über
die Natur des giftigen Bestandtheils der Pilze zu, so begegnet

---

[1] Pharm. Ztschr. f. Russl. V. p. 92.

uns zunächst die Angabe Schrader's[1]), dass das Gift des
Fliegenpilzes in der rothfärbenden Substanz zu liegen scheine,
welche man mit Wasser und wasserhaltigem Alkohol ausziehen
könne, die aber von Aether nicht aufgenommen werde, sowie
die Vermuthung Vauquelin's[2]), dass das Gift an die fettigen
Bestandtheile gebunden sei. Wenn wir von diesen Angaben
absehen, so sind die ältesten Untersuchungen über das Pilzgift von Letellier im Verein mit den späteren Arbeiten desselben
Autors zugleich die bekanntesten und bedeutendsten. Seine
ersten Untersuchungen stammen aus dem Jahre 1820[3]), denen
er einige Jahre darauf weitere Angaben folgen liess.[4]) Die
neuesten Untersuchungen vom Jahre 1867[5]) beziehen sich auf
Agaricus phalloides Fr. (Ag. bulbosus Bull.). Die älteren Arbeiten führten Letellier zu dem Resultate, dass in den
Schwämmen zwei giftige Bestandtheile enthalten seien: ein
„scharfes Princip", welches durch Trocknen, Kochen, Maceration
in verdünnten Säuren, in Alkohol und in Alkalien leicht zerstört werde, und das eigentliche giftige Princip, das nur im
Agaricus bulbosus Bull., Agaricus muscarius L., und Agaricus
vernus vorkomme.

Das letztere werde weder durch Trocknen, noch durch Kochen
abgeschwächt, durch Säuren, verdünnte Alkalien, essigsaures Blei.
Galläpfeltinctur weder zersetzt noch niedergeschlagen. Es sei löslich
in Wasser und allen wasserhaltigen Flüssigkeiten, unlöslich in
Aether, besitze nicht die Fähigkeit zu krystallisiren und könne
folglich nicht ganz von färbenden Substanzen und von Kali- und
Natrousalzen frei erhalten werden. Es verrathe seine Gegenwart
weder durch den Geruch noch durch den Geschmack, widerstehe
einer den Siedepunkt des Wassers übersteigenden Temperatur und
bilde mit Säuren krystallisirbare Salze. Letellier schlägt vor, dieser
Substanz den Namen Amanitin zu geben, nach der Benennung der
Abtheilung der Agarici, in welcher man sie findet.[6]) Er scheint

[1]) Hermbstädt, Bulletin des Neuesten und Wissenswürdigsten a. d.
Naturw. IX. Bd. p. 340. Anm. 1811.

[2]) Ann. de Chimie. T. 85. p. 25. 1813.

[3]) Recherches sur les propriétés alimentaires, médicales et vénéneuses
des champignons qui croissent aux environs de Paris. Thèse inaug. 1826.
Ref. in Froriep's Notizen Bd. 14. p. 222 u. im Repert. f. d. Pharm.
Bd. 21. p. 406.

[4]) Journ. de Pharm. XVI. 1830. p. 109. Die Originale dieser beiden
Arbeiten standen uns nicht zu Gebote.

[5]) Ann. d'hyg. publ. 1567.

[6]) Froriep's Notizen a. a. O., und Bondier, Die Pilze in Ökonom.,

dieses Amanitin dadurch erhalten zu haben, dass er den Pilzsaft nach einander mit Wärme — zur Abscheidung des Eiweisses —, basisch-essigsaurem Blei im Ueberschuss, wohl rectificirtem Aether und Schwefelwasserstoff behandelte, worauf nach dem Eindampfen ein brauner Körper hinterblieb, der sehr giftig wirkte.[1]

Wir übergehen zunächst die Arbeiten Anderer über das Pilzgift und betrachten hier im Zusammenhange auch die neuesten Untersuchungen von Letellier, die er in Gemeinschaft mit Speneux[1] ausführte und die sich allerdings zunächst nur auf Agaricus phalloides Fr. (Ag. bulb. Bull.) beziehen, die aber für uns von Wichtigkeit sind, weil von den Verfassern ausdrücklich angegeben wird, dass einer der giftigen Bestandtheile, die sie in der genannten Pilzspecies gefunden haben wollen, der von Letellier vor 40 Jahren Amanitin benannte Stoff sei. Ausserdem sind diese Untersuchungen für uns auch insofern von Interesse, als aus ihnen hervorzugehen scheint, dass das Muscarin auch im Agaricus phalloides enthalten sei. Die Erscheinungen, die dieser Pilz hervorruft, bezeichnen sie als complexe: nach Erbrechen, Koliken, Diarrhöe folgen kalte Schweisse, Ohnmachten und Coma. Diese beiden Symptomreihen machen sie von zwei verschiedenen Giftstoffen abhängig. Der erste sei ein scharfes fixes Gift, denn es finde sich sowol in dem zu wiederholten Malen getrockneten wässrigen als auch in dem alkoholischen Extracte, die in Wasser gelöst bei Katzen krampfhafte Contraction des Pharynx und Oesophagus, mehrere Stunden dauernden Ausfluss eines visciden Speichels aus dem Rachen, reichliches Erbrechen, sodann unter Drängen selbst blutige Stuhlentleerungen hervorrufen. Diesem entzündlichen Zustande des Darms schreiben sie die langsame Absorption des zweiten, heftiger wirkenden Giftes beim Menschen zu, die oft erst nach 10—12 Stunden eintrete, während bei Thieren der Tod oft vor Ablauf von 6 Stunden erfolgt. Dieselben Erscheinungen wie die Auszüge rufe der kalt ausgepresste, frische Saft des Pilzes hervor.

Das zweite, von jenem verschiedene Gift wirke nur durch Absorption und sei rein narkotisch.

chem. u. toxicol. Hinsicht. Aus d. Französ. übertragen v. Th. Husemann, Berlin, bei G. Reimer, 1867. p. 40.
[1] Vergl. Kaiser, Chem. Unters. des Ag. musc. L. u. s. w. Diss. Göttingen 1862.
[1] Ann. d'hyg. publ. a. a. 0.

Zur Darstellung desselben erbitzen sie den frisch ausgepressten Saft von 1—2 Kilogr. der zerriebenen Pilze, filtriren das ausgeschiedene Eiweiss ab, fällen die organischen Säuren und den Schleim durch einen geringen Ueberschuss von neutralem essigsaurem Blei, den sie durch Schwefelwasserstoff, oder Schwefelsäure im rechten Verhältniss, entfernen, kochen, filtriren und fällen mit Goldchlorid, wodurch wenigstens drei unwirksame Stoffe entfernt werden. Nach dem Eindampfen zur Trockne, Behandeln des Rückstandes mit kochendem Aether zur Entfernung von Fetten und Harzen, sowie der Lösung in absolutem Alkohol mit reiner Kohle und abermaligem Eindampfen, erhielten sie als Rückstand eine entsprechend der grösseren oder geringeren Sorgfalt beim Eindampfen mehr oder weniger braun gefärbte, nicht krystallisirbare, äusserst zerfliessliche, fast geruch- und geschmacklose, nicht durch den Dialysator gehende Masse, die in wasserfreiem Aether, fetten und flüchtigen Oelen und Kohlenwasserstoffen unlöslich, in absolutem Alkohol und äusserst leicht in Wasser löslich war und beim Kochen mit Magnesia sehr deutlich alkalisch wurde. Diese Substanz wird durch kein Alkali, keine Mineral- oder organische Säure, mit Ausnahme der Gerbsäure, durch kein Eisen-, Blei-, Queck-silber-, Silber-, Platin- oder Goldsalz gefällt; übermangansaures Kali und phosphormolybdänsaures Natron geben einen geringen, Jod-Jodkalium einen stärkeren, Tannin in concentrirter wässriger Lösung einen reichlichen Niederschlag. Durch Kochen mit verdünnter Schwefelsäure erlangt die Substanz die Eigenschaft Kupfersalze zu reduciren; sie bezeichnen dieselbe daher als ein „alcaloide glucoside", und Letellier identificirt sie mit dem von ihm früher Amanitin bezeichneten Stoffe. Nachdem die beiden Forscher hierauf die Widerstandsfähigkeit des Giftes beim Trocknen (der Pilze), beim Kochen mit Schwefelsäure, wodurch ein Theil verkohlt wird (?), bei drei Jahre langem Stehen in wässriger Lösung, beim Kochen mit Thierkohle hervorgehoben, gehen sie zu den Wirkungen desselben über, auf die wir später nochmals zurückkommen.

Aus diesen Angaben geht zunächst hervor, dass das von Letellier und Speneux gewonnene Amanitin sich von dem älteren Letellier'schen nur wenig unterscheidet, und dass beide im Wesentlichen übereinstimmen mit unserem gereinigten Extracte, aus dem wir das Muscarin durch Ausfällen gewannen, nur war das sogenannte Amanitin selbst bei der von Letellier und Speneux angewandten Darstellungsweise noch unreiner als unser Extract, das sich vor jenem Stoff durch die Abwesenheit der durch Bleiessig und Ammoniak fällbaren Bestandtheile, der Essigsäure und der unorganischen Bestandtheile auszeichnete und nach dem Entfärben mit Thierkohle eine meist nur wenig gefärbte Masse darstellte. Die Salze der Alkalien, die, wie oben angegeben, in die schwefelsaure Verbindung übergeführt

wurden, konnten dadurch fast vollständig entfernt werden,
dass zu der letzten Lösung in absolutem Alkohol etwas Aether
zugesetzt wurde, wodurch neben einer geringen Menge der
syrupartigen Masse die Salze vollends ausgefällt wurden.
Wir wandten dieses Verfahren an, bevor wir das Muscarin
dargestellt hatten, um die Kalisalze möglichst zu entfernen,
die auf die Wirkung von Einfluss sein konnten. In dem
Letellier'schen Amanitin muss aber fast die ganze Menge von
Kali enthalten gewesen sein, die sich in der in Arbeit ge-
nommenen Pilzmenge vorfand. Die Anwesenheit der Kalisalze konnte auf die Wirkung des Amanitins nicht ohne Einfluss sein, und diesem Umstand ist es unter anderen mit zu-
zuschreiben, dass Letellier und Speneux zwei Giftstoffe in
jener Pilzspecies annahmen, eine Annahme, die sich auf die
Wirkungen gründet, nicht auf eine Trennung auf chemischem
Wege. Da das erste, fixe, scharfe Gift in Alkohol und
Wasser löslich sein soll, über seine Löslichkeit in Aether,
Fällbarkeit durch Bleiacetat nichts angegeben wird und durch
Goldchlorid nur unwirksame Stoffe gefällt werden sollen, so
ist es völlig dunkel, wo jenes Gift bei der Darstellung des
Amanitins bleibt.

Das Amanitin Letellier's muss ferner, wenigstens soweit
es aus dem Fliegenpilz gewonnen war, wie in den älteren
Untersuchungen, das Muscarin enthalten haben. Da aber
nach den Angaben Letellier's das aus Agaricus muscarius und
phalloides gewonnene Amanitin identisch sind, so dürfte auch
in der letzteren Pilzspecies das Muscarin den giftigen Bestandtheil bilden. Diese Annahme wird wesentlich gestützt durch
die Wirkungen, die der Agaricus phalloides und das aus ihm
gewonnene Amanitin hervorrufen und die in einem späteren
Capitel näher behandelt werden sollen.

Bei den übrigen Arbeiten über den giftigen Bestandtheil
von Agaricus muscarius und phalloides brauchen wir uns nicht
lange aufzuhalten.

Apoiger wollte im Safte des Fliegenpilzes eine „auffallend"
giftig wirkende Säure gefunden haben [1], die sich in einer späteren Untersuchung [2] desselben Autors als Bernsteinsäure er-

[1] Buchner's Repert. f. d. Pharm. 3. Reihe, 7. Bd. 1851. p. 259.
[2] Wittstein's Vierteljahrschr. f. d. Pharm. Bd. II. p. 451. 1853.

wies, worauf Husemann[1]) und Kaiser[2]) aufmerksam machen, während Apoiger selbst über die Identität beider in analoger Weise gewonnener Säuren nichts bemerkt. Ferner will Apoiger[3]) eine flüchtige, in freiem Zustande höchst aasartig, in der krystallisirbaren Verbindung coniinartig oder faulig urinös riechende Base gefunden haben, die aber nicht giftig zu sein schien. Es handelt sich hier wol nur um ein Zersetzungsproduct, wie die Gewinnung — Destillation des Gerbsäure-Niederschlages mit Kalk oder Baryt — es sehr wahrscheinlich macht. Wir konnten ebensowenig wie Kaiser durch Destillation aus dem Safte des Fliegenpilzes eine flüchtige Base erhalten. Auffallend ist es, dass Apoiger[4]) die nach dem Anfüllen des Pilzsaftes mit Bleiessig und Entbleien mit Schwefelwasserstoff erhaltene, zur Extractconsistenz gebrachte Flüssigkeit nicht giftig fand, da sie doch das Muscarin enthalten haben muss. Es erklärt sich das aber dadurch, dass die Menge des Alkaloids im Fliegenpilz eine sehr geringe zu sein scheint und dass Apoiger die Masse Kaninchen in den Magen brachte, von wo die Aufnahme in das Blut wegen der beständigen starken Füllung des Magens dieser Thiere nur langsam stattfindet, während die Ausscheidung des Muscarins eine sehr rasche zu sein scheint, weil die Wirkung verhältnissmässig kurze Zeit anhält, wie im folgenden Capitel gezeigt werden wird, so dass es sich hier um ähnliche Verhältnisse handelt wie beim Curare, das vom Magen aus langsam absorbirt, durch die Nieren rasch ausgeschieden wird.[5]) Ausserdem werden bei Kaninchen durch die gleichen Gaben Muscarin nicht so auffällige Erscheinungen hervorgerufen wie bei anderen Thieren.

Auch Kussmaul und Borntrager[6]) machen die Giftigkeit des Fliegenpilzes von einer Säure abhängig, die durch Destillation des Pilzes mit Wasser gewonnen, penetrant, den flüch-

[1]) Th. Husemann und A. Husemann, Handb. der Toxicologie. Berlin 1862. p. 357.
[2]) a. a. O.
[3]) Buchner's Repert. a. a. O.
[4]) Buchner's Repert. a. a. O.
[5]) Vergl. L. Hermann; Ueber eine Bedingung des Zustandekommens von Vergiftungen. Arch. f. Anat. u. Phys. etc. von Reichert u. Du Bois-Reymond. 1867. p. 64.
[6]) Canstatt's Jahresbericht für 1857. Bd. V. p. 111.

tigen Fettsäuren ähnlich roch und zu einem Tropfen an Kaninchen Erscheinungen wie bei Vergiftung mit Fliegenpilz hervorgerufen haben soll. Wenn aber, wie aus den uns zu Gebote stehenden Referaten hervorzugeben scheint, diese Forscher mit jener Säure nur einen Versuch angestellt haben, in dem die Section eine frische, höchst acute Pericarditis ergab, so dürfte vielleicht der Tod von anderen Ursachen abhängig gewesen sein.

Die in anderer Hinsicht werthvolle, bereits genannte Arbeit von Kaiser bietet für uns kein Interesse, weil Kaiser nur zu einem negativen Resultate kommt, indem er im Fliegenpilz weder ein flüchtiges noch ein fixes Alkaloid nachweisen konnte, ohne jedoch die „ziemlich weitläufige Untersuchung‟ zur Auffindung des letzteren zu beschreiben.

Wir kommen zu der bereits genannten, von der Akademie der Medicin zu Paris mit dem Ordila'schen Preise gekrönten Schrift von E. Boudier, die in der deutschen Ausgabe von Th. Husemann wesentliche Zusätze erfahren hat. Boudier, der die giftigen Bestandtheile der Pilze nur neben den übrigen berücksichtigt, hat in ähnlicher Weise wie Letellier aus Amanita bulbosa Bull. var. citrina Schaeff. (Agaricus phalloides Fr.) und aus Agaricus muscarius L. zwei von einander verschiedene Substanzen gewonnen, die ihm Alkaloide zu sein schienen. Die aus dem Fliegenpilz gewonnene scharfe, saure, safranrothe Masse unterschied sich von dem Amanitin Letellier's nur durch den Geschmack und durch ihren ein wenig an Tabak erinnernden Geruch. Das mit diesem nicht übereinstimmende giftige „Princip‟ der Amanita bulbosa nennt Boudier Bulbosin. Allein die Verschiedenheiten in dem Verhalten beider Substanzen gegen Reagentien, auf die Boudier seine Annahme eines besonderen Alkaloids in jeder der beiden Pilzspecies stützt, sind in dieser Beziehung keineswegs beweisend, indem sie nur von dem Verhältniss verschiedener Stoffe in jenen Gemischen, die Boudier als Alkaloide bezeichnet, abhängig gemacht werden können. Denn obgleich bei der Darstellung beider Substanzen zum Ausfüllen von Verunreinigungen Bleiacetat benutzt worden war, so wird dennoch die aus dem Fliegenpilz gewonnene Masse durch jenes Bleisalz gefällt, nicht aber das Bulbosin. Die Rothfärbung des ersteren durch Eisenchlorid gegenüber der braunen hierauf grün werdenden Färbung, die das Bulbosin dabei annimmt, muss auf einen verschiedenen Gehalt beider an Essigsäure zurückgeführt werden, die aus dem Bleiessig stammte, sowie die Braun- oder Schwarzfärbung des Bulbosins durch Schwefelsäure auf die Gegenwart von Zucker, der von Boudier nur durch Auskrystallisiren entfernt war. Vergiftungsversuche hat Boudier nur an Mäusen angestellt, die von der Masse nur sehr ungern frassen. Doch lässt Boudier selbst es unentschieden, ob die Mäuse an den Folgen einer Vergiftung oder aus Mangel an Nahrung gestorben.

Aus diesen Betrachtungen über die früheren das Pilzgift betreffenden Arbeiten geht hervor, dass weder eine Nöthigung besteht, in dem Fliegenpilz neben dem Muscarin einen anderen giftigen Bestandtheil anzunehmen, noch auch etwas der Annahme entgegen ist, dass das Gift der beiden oft genannten Pilzspecies identisch sei.

Schliesslich möge hier noch die Angabe von Sicard und Schoras[1] Platz finden, dass das giftige Princip, welches in mehreren Pilzspecies vorkomme, basischer Natur sei, indem es sich mit Säuren zu Salzen verbinde. Preyer[2], der einige Milligr. dieses Körpers von den Darstellern zu toxicologischen Versuchen erhielt, bezeichnet ihn als eine wenig bygroskopische krystallisirte Substanz, die stickstoffhaltig, basischer Natur und mit einem höchst penetranten Geruche begabt sei, der an den bekannten Pilzgeruch erinnere. In Bezug auf die physiologische Wirkung fand Preyer dieses Alkaloid wesentlich übereinstimmend mit dem Curarin, indem bei Fröschen nach dem Eintritt totaler Bewegungslosigkeit die elektrische und mechanische Reizung der motorischen Nerven ohne Effect blieb, während directe Muskelreizung Contractionen zur Folge hatte, und das Herz noch längere Zeit (12ᵇ) fortfuhr sich zu contrahiren.

[1] Compt. rend. T. LX. p. 847. 1865.
[2] Berliner klin. Wochenschr. 1866. No. 40.

2*

ZWEITES CAPITEL.

Die physiologischen Wirkungen des Muscarins.

Die physiologischen Wirkungen des Muscarins bieten in vieler Hinsicht ein grosses Interesse dar. Sie treten schon nach verhältnissmässig sehr kleinen Mengen des Alkaloids ein, so dass dieses zu den stärksten Giften gerechnet werden kann; sie zeichnen sich ferner durch die Aehnlichkeit mit denen des Calabars aus und stehen im vollkommensten Antagonismus zu den Wirkungen des Atropins.

Die im Folgenden zur Deutung der Wirkungen benutzten, an Katzen, Kaninchen, Hunden, Fröschen und Menschen angestellten Versuche beziehen sich auf das reine Muscarin, obgleich uns eine andere Reihe von Experimenten zu Gebote steht, die mit dem mehr oder wenlger gereinigten Extracto angestellt sind. Dieses stimmt in allen Stadien seiner Reinheit hinsichtlich seiner Wirkungen vollständig mit dem Muscarin überein, so dass wir auch aus diesem Grunde keine Veranlassung haben, im Fliegenpilz ein zweites Gift anzunehmen.

Zu allen Versuchen ist, wenn nicht direct das Gegentheil sich angegeben findet, das schwefelsaure Muscarin angewendet worden, in Lösungen, deren Concentration im Allgemeinen zwischen 1:50 und 1:500 schwankte. Die subcutane Injection geschah mittelst der bekannten kleinen Spritzen aus Hartkautschuk, die Injection in die Venen mit Hilfe einer kleinen, in 1/50 CCm. getheilten Pipette mit fein ausgezogener Spitze.

1. Die Vergiftungserscheinungen im Allgemeinen.

Wir beginnen mit der Betrachtung der Vergiftungserscheinungen an Katzen, weil diese Thiere gegen die Einwirkung des Muscarins ganz besonders empfindlich sind, indem die Erscheinungen nicht nur nach verhältnissmässig kleineren Mengen des Giftes eintreten, als bei Kaninchen und Hunden, sondern auch intensiver sind, länger anhalten und leichter zum Tode führen. Wenige Minuten, zuweilen fast unmittelbar nach der subcutanen Injection von 3—4 Milligr. des schwefelsauren Muscarins stellen sich die ersten Zeichen der Vergiftung ein, welche in Kau- und Leckbewegungen bestehen, denen rasch ein profuser Speichelfluss folgt. Letzterer gehört zu den constantesten und sehr charakteristischen Erscheinungen und ist regelmässig von einer mehr oder weniger starken Thränensecretion begleitet. Fast gleichzeitig mit diesen Erscheinungen tritt Kollern im Leibe und bald darauf Würgen, Erbrechen und Entleerung anfangs fester, später flüssiger Faecalmassen ein. Die Würg- und Brechbewegungen sind ungemein heftig, wiederholen sich in verschieden langen Pausen und befördern oft nur geringe Quantitäten schleimiger Massen heraus; meist erst später findet auch Entleerung des Mageninhaltes statt. Nur in einem Falle haben wir das Würgen und Erbrechen bei einer Katze ausbleiben sehen. Die Durchfälle sind mit heftigem Drängen verbunden, welches oft noch anhält, nachdem die Entleerung von Faecalmassen schon aufgehört hat. Das Auftreten blutiger Darmentleerungen haben wir nicht beobachtet, obgleich die Möglichkeit ihres Zustandekommens durch den im folgenden Capitel erwähnten Sectionsbefund im Darmkanal dargethan wird. So frühe auch diese Darmerscheinungen eintreten, so halten sie doch nicht während der ganzen Dauer der Vergiftung an, sondern schwinden bei der Restitution von allen Erscheinungen zuerst und hören eine Zeitlang vor dem Eintritt des Todes auf.

Eine weitere charakteristische Erscheinung, die sich gleichzeitig mit den eben aufgeführten entwickelt, ist die Verengerung der Pupille, die in keinem Falle ausbleibt, während der ganzen Dauer der Vergiftung anhält und stets zum vollständigen Verschwinden der Pupille führt, so dass die Ränder der Iris sich zu berühren scheinen und nur eine dunkle Linie zwischen sich lassen. Im Moment des Todes hört die Verengerung auf, es tritt meist plötzlich an ihre Stelle eine Erweiterung.

Alle diese Erscheinungen können einen ziemlich hohen Grad erreichen, bevor andere Störungen hinzutreten, namentlich sind die Bewegungen in keiner Weise beeinträchtigt. Nur die Pulsfrequenz sinkt vom Beginn der Vergiftungserscheinungen an in kurzer Zeit auf ein gewisses Minimum, verharrt auf demselben längere Zeit und überdauert, wenn Erholung eintritt, in den meisten Fällen noch den Speichelfluss.

In dem Maasse, als diese Erscheinungen von Seiten des Darmkanals, des Herzens und der Pupille zunehmen, erfahren auch die Respiration und das Allgemeinbefinden wesentliche Veränderungen. Das Athmen wird sehr frequent und dyspnoisch, die Thiere werden hinfällig, bei Berührung empfindlich, ihr Gang schwankend. Zuletzt werden die Respirationsbewegungen weniger angestrengt, die Frequenz nimmt ab, das Thier liegt ausgestreckt da und ist nur durch stärkeren Anreiz zu wenig ergiebigen Bewegungen zu veranlassen; die Durchfälle und das Erbrechen haben aufgehört, die Respiration wird immer schwächer und meist unter leichten Convulsionen tritt der Tod durch Stillstand der Respiration ein, während das Herz noch fortfährt sich zu contrahiren.

Bei mittleren Gaben können bis zum Eintritt des Todes 2—3, selbst 8—12 Stunden verfliessen. Ist die Gabe geringer, ¼—1 Milligr., so entwickeln sich alle charakteristischen Erscheinungen im hohen Grade (nur die Veränderungen der Respiration sind nicht so ausgesprochen), sie halten aber nicht lange an und machen einer vollständigen Erholung Platz. Bei grossen Gaben, 8—12 Milligr., kann der Tod in 10—15 Minuten erfolgen. Injicirt man 2—3 Milligr. in das Blut, so erfolgt der Tod ebenfalls erst nach einiger Zeit, obgleich die Erscheinungen sofort in ihrer ganzen Heftigkeit eintreten.

Ganz dieselben Erscheinungen wie an Katzen beobachtet man an Hunden; nur in quantitativer Hinsicht zeigen sich hier Abweichungen, indem die Gaben nicht nur entsprechend der Grösse des Thieres, sondern auch absolut grösser sein müssen, um gleich starke Erscheinungen wie bei Katzen hervorzurufen. Auch die Reihenfolge, in welcher die Symptome eintreten, ist bei Hunden eine andere. So ruft eine Gabe von 1—5 Milligr. bei Thieren von 8—9 Klgr. Körpergewicht Erbrechen, Durchfälle, starken Speichelfluss hervor, während die Pulsfrequenz keine Herabsetzung, sondern eine Steigerung erfährt, die Pupillen unverändert bleiben und bald Erholung eintritt. Selbst bei kleineren Thieren sind 5 Milligr. nicht im Stande die Zahl der Herzcontractionen zu verringern, die erst nach grossen

Gaben und bei kleinen Thieren eine Abnahme erfährt, während die Pupillenverengerung und die Steigerung der Respirationsfrequenz sich schon viel früher einstellen.

Bei Kaninchen verhalten sich Pulsfrequenz und Speichelabsonderung wie bei Katzen; die Respiration wird schwerer afficirt, das Allgemeinbefinden selbst nach 5—10 Milligr. oft nur wenig beeinträchtigt; Pupillenverengerung konnte selbst nach grösseren Gaben nur ein Mal constatirt werden.

Was die Wirkung auf Frösche betrifft, so beschränkt dieselbe sich zunächst auf das Herz, während anderweitige Symptome vollständig fehlen.

Unter allen genannten Vergiftungserscheinungen nehmen die Veränderungen der Respiration und der Herzthätigkeit zunächst das Interesse in Anspruch, da sie als Todesursachen zu betrachten sind. Es handelt sich nur darum, festzustellen, ob die Störungen der Respiration von den Veränderungen der Herzthätigkeit abhängig sind oder direct durch das Muscarin hervorgebracht werden. Beim Eintritt des Todes hört zwar die Respiration in allen Fällen zuerst auf, während die Herzpulsationen noch fortdauern. Doch ist ihre Frequenz so stark herabgesetzt, dass auf eine wesentliche Beeinträchtigung der Circulation geschlossen und hiervon die Lähmung der Respiration abhängig gemacht werden könnte. Es kann aber diese Frage nicht eher mit einiger Sicherheit entschieden werden, bis die Veränderungen festgestellt sind, welche die Circulationsorgane, die von den Einflüssen der Respiration unabhängig und dadurch der Untersuchung zugänglich gemacht werden können, unter der Einwirkung des Muscarins erleiden. Wir wenden uns daher zunächst zu den

2. Wirkungen des Muscarins auf die Circulationsorgane.

Unter den allgemeinen Vergiftungserscheinungen an Säugethieren ist das constante Sinken der Pulsfrequenz hervorgehoben. Bei der in Folge dieser Beobachtung veranlassten Untersuchung des Froschherzens auf sein Verhalten gegen das Muscarin ergab sich, dass die kleinsten Mengen des letzteren genügen, um die Herzthätigkeit zu sistiren, ein Verhalten, das sich als Ausgangspunkt für die Erforschung der Wirkungen des Alkaloids ganz besonders eignete.

Die folgende an Fröschen angestellte Versuchsreihe giebt
über die Einzelheiten dieser Wirkung Aufschluss.

Die Thiere wurden auf dem Rücken fixirt, und das Herz ohne
Eröffnung der Bauchhöhle durch Abtragung einer Hautparthie und
des Sternums blossgelegt, so dass eine Oeffnung entstand, durch
welche der Ventrikel und die Vorhöfe in genügender Ausdehnung
übersehen werden konnten. Es wurde in dieser Weise das Herz
der Beobachtung zugänglich gemacht ohne Blosslegung der Unterleibsorgane. Wenn man die Spitze des Sternums nicht wegschneidet,
und zu den Versuchen Männchen wählt, bei welchen die Füllung
der Unterleibshöhle wegen Mangels der Ovarien eine geringere ist
als bei Weibchen, so hat man selten eine Störung der Beobachtung
durch Hervordrängen der Bauchorgane durch die Oeffnung zu fürch-
ten. Die Injection geschah meist unter die Haut am Schenkel, seltener an der Seite in der Nähe des Schenkels. Die Nadel der
Spritze wurde durch eine kleine Schnittwunde unter die Haut gebracht, die unmittelbar nach der Blosslegung des Herzens hergestellt
war; dies geschah, um eine Reizung während der Injection soviel
als möglich zu vermeiden.

I. Versuchsreihe.

I. Versuch. Frosch nicht fixirt, Herz nicht blossgelegt.

Zeit:

12ʰ— 2ᵐ. Injection von 11 Milligr. freien Muscarins.

12ʰ—30ᵐ. Die willkürlichen und Reflexbewegungen sehr stark
herabgesetzt; das Herz wird blossgelegt und stillstehend
gefunden; auf stärkere galvanische Reizung desselben erfolgt eine einzelne Contraction, das Herz verharrt darauf
im contrahirten Zustande.

12ʰ—55ᵐ. Der Frosch scheinbar todt; die Reizbarkeit der Muskeln
und Nerven vollkommen erhalten; auch auf Berührung
erfolgen noch 2ʰ lang Zuckungen in verschiedenen Muskeln. Das Herz hat fortwährend im contrahirten Zustande
verharrt.

Nach 2ʰ beginnt das Herz auf Reizung der Muskeln
zu schlagen, es erfolgen wenige Contractionen, dann steht
es wieder still; auf stärkere galvanische Reizung contrahirt es sich und verharrt in diesem Zustande.

II. Versuch. Frosch auf dem Rücken fixirt.

Zeit:

11ʰ—80ᵐ Vm. Vergiftung des Frosches mit Curare.

4ʰ—40ᵐ Nm. Das Herz wird blossgelegt; 34—37 Herzcontractionen
in 1ᵐ.

5ʰ—17ᵐ. Injection von 6,5 Milligr. freien Muscarins.

5ʰ—19ᵐ. Das Herz steht still.

5ʰ—21ᵐ. Auf mechanische Reizung contrahirt sich das Herz an
der gereizten Stelle und verharrt in diesem Zustande.
Etwas später erfolgen bei schwacher galvan. Reizung ein-

zelne Contractionen an den gereizten Stellen; bei stärkerer Reizung contrahirt sich das ganze Herz.

III. Versuch. Frosch auf dem Rücken festgebunden, das Herz bloszgelegt, macht während $\frac{1}{4}$ 55—60 Contractionen in 1ᵐ.

Zeit:

5ʰ—56ᵐ. Injection von 1 Milligr. freien Muscarins; unmittelbar darauf Stillstand des Herzens in der Diastole.

6ʰ— 6ᵐ. Auf galvan. Reizung erfolgt eine einzelne Contraction; das Herz verbleibt in der diastolischen Stellung.

6ʰ—12ᵐ. Bei derselben Reizstärke (80 Mm. Rollenabstand) keine Contraction, bei 40 Mm. schwache Contraction. Losgebunden hüpft der Frosch noch ziemlich lebhaft, obgleich Lähmungserscheinungen nicht zu verkennen sind. Das ausgeschnittene Herz beantwortet jede, auch die schwächste mechanische Reizung mit einer einzelnen Contraction; nach einiger Zeit treten auf mechan. Reizung mehrere regelmässige Contractionen ein.

IV. Versuch. Anordnung wie im vorigen Versuch; 22 Herzschläge in $\frac{1}{2}$ᵐ.

Zeit:

10ʰ—57ᵐ. Injection von $\frac{1}{2}$ Milligr, freien Muscarins.

10ʰ—58ᵐ. 14 Herzcontractionen in $\frac{1}{2}$ᵐ.

10ʰ—59ᵐ. Abwechselnd Stillstand und einzelne Contractionen; bald darauf definitiver Stillstand in der Diastole.

V. Versuch. Anordnung dieselbe; 10—11 Herzcontractionen in $\frac{1}{4}$ᵐ.

Zeit:

12ʰ— 4ᵐ. Injection von $\frac{1}{2}$ Milligr. schwefelsauren Muscarins.

12ʰ— 6ᵐ. 4—5 Ventrikelcontractionen in 1ᵐ; Vorhöfe nicht mehr thätig.

12ʰ—30ᵐ. Dauernder diastolischer Stillstand des Ventrikels; auf mechanische Reizung der Vorhöfe und des Ventrikels tritt nur im letzteren eine einzelne Contraction ein.

1ʰ—40ᵐ. Auf mechan. Reizung der Vorhöfe tritt anfangs keine Contraction ein; auf Reizung des Ventrikels zieht sich dieser jedesmal zusammen; nach wiederholter Reizung lässt sich auch von den Vorhöfen aus der Ventrikel zu einer einzelnen Zusammenziehung veranlassen; nach fortgesetzter Reizung beginnen regelmässige, rhythmische Ventrikelcontractionen (4 in 15ᵐ), die einige Minuten anhalten, worauf die Kammer wieder zur Ruhe kommt.

2ʰ—20ᵐ. Die Reizung ergiebt dasselbe Resultat wie um 1ʰ—40ᵐ.

4ʰ—50ᵐ. Von den Vorhöfen aus ist durch Reizung keine Contraction des Ventrikels zu erzielen, der letztere contrahirt sich auf directe Reizung.

5ʰ— 7ᵐ. Dasselbe Resultat. Die Zusammenziehung des Ventrikels hat seit dem Vormittag an Stärke nicht abgenommen. Der Frosch seit dem Nachmittage vollkommen reflexlos; Reizbarkeit der Nerven und Muskeln nicht merklich verändert.

VI. Versuch. Anordnung wie früher; 21—22 Herzschläge in $\frac{1}{2}^m$.

Nach der Injection von $\frac{1}{10}$ Milligr. freien Muscarins anfangs Verlangsamung und nach 22^m diastolischer Stillstand, der durch einzelne Contractionen unterbrochen wird, dann definitiver Stillstand.

VII. Versuch. Sehr grosser Frosch; durch $\frac{1}{10}$ Milligr. freien Muscarins definitiver diastolischer Herzstillstand nach 9^m.

VIII. Versuch. Grosser Frosch; vor der Injection regelmässig 20 Herzcontractionen in $\frac{1}{2}^m$.

Zeit:

12^h—43^m.		Injection von $\frac{1}{20}$ Milligr. freien Muscarins.
12^h—50^m.		17 Herzcontractionen in $\frac{1}{2}^m$.
1^h— 0^m.	14	
1^h.—20^m.	10	Die Diastole sehr ver-
1^h—30^m.	9	längert; Systole kurz.
1^h—35^m.	6	
1^h—40^m.	1—2	Die Beobacht. wird aus-
5^h—30^m.	7	gesetzt.
6^h—40^m.	20	Der Frosch wird vor

dem Eintrocknen geschützt bis zum andern Morgen aufbewahrt; das Herz schlägt regelmässig und kräftig 21 Mal in $\frac{1}{2}^m$.

IX. Versuch. Vor der Injection 27—29 Herzschläge in $\frac{1}{2}^m$.

Herzschläge in $\frac{1}{2}$ m.

5^h—37^m.	—	Injection von $\frac{1}{10}$ Milligr. freien Muscarins.
5^h—39^m.	26	
5^h—43^m.	24	
5^h—45^m.	9	
5^h—47^m.	12	Dazwischen Stillstand.
5^h—49^m.	—	Stillstand.
5^h—51^m.	10	
5^h—56^m.	—	Stillstand während $\frac{1}{2}^m$, nach heftigen Bewegungen treten Contractionen ein, erst 12, dann 20 in $\frac{1}{2}^m$; dann Stillstand durch 10^s.
6^h— 3^m.	18	
6^h—10^m.	3—4	Bei Bewegung des Thieres, sonst Stillstand.
6^h—15^m.	9	
6^h—20^m.	8—9	
6^h—30^m.	—	Definitiver Stillstand in der Diastole.

Am anderen Morgen wird der Frosch todt gefunden.

In allen vier aufgeführten Versuchen ist mit Ausnahme des VIII. der Erfolg derselbe, es tritt im Verhältniss zur Menge des Giftes längere oder kürzere Zeit nach der Injection Stillstand des Herzens ein. Bei Gaben von $\frac{1}{2}$ Milligr. und darüber kann der Stillstand fast unmittelbar nach der Injection zu Stande

kommen, während nach geringeren Mengen die Zahl der Herzcontractionen allmälig bis zum Aufhören derselben abnimmt.
Doch ist die Zeit, die bis zur Sistirung der Herzthätigkeit ver-
fliesst, nicht streng an die Giftmenge gebunden. So erfolgt
der Herzstillstand im Versuch VI. nach $\frac{1}{10}$ Milligr. in 22ᵐ,
im Versuch VII. nach $\frac{1}{10}$ Milligr. schon in 9ᵐ; im Versuch VIII.
tritt, soweit die Beobachtung reicht, nach $\frac{1}{10}$ Milligr. nur eine
sehr starke Verlangsamung ein, worauf die Herzthätigkeit zur
Norm zurückkehrt, während im IX. Versuch $\frac{1}{10}$ Milligr. genügt, um dieselbe zu sistiren.

Stets erfolgt der Stillstand in der Diastole des Herzens,
welches ausgedehnt und strotzend mit Blut gefüllt ist. In dem
Maasse als die Zahl der Herzcontractionen sich vermindert,
wird die Diastole des Ventrikels immer länger und länger, das
Herz verharrt in den Pausen in dieser Stellung, die durch
kurz dauernde Systolen unterbrochen wird, bis letztere nur
noch von Zeit zu Zeit eintreten und endlich ganz ausbleiben.
Dabei aber haben die einzelnen Zusammenziehungen der Kammer nichts an Kraft eingebüsst, sondern erscheinen ebenso er-
giebig wie beim normalen Frosch. Die Vorhöfe verhalten sich
ähnlich, nur kommt hier der Stillstand etwas früher zu Stande
als an der Kammer. Prüft man nach dem völligen Eintreten
der Ruhe des Herzens die Reizbarkeit desselben auf mechanische und elektrische Reize, so findet man jene noch Stunden
lang vollkommen erhalten. Schon auf blosse Berührung erfolgt eine einzelne vollständige Zusammenziehung des Ventrikels,
die gleich wieder der diastolischen Stellung Platz macht. Nur
nach grossen Gaben wie im Versuch I. und II. verharrt das
Herz bei Anwendung stärkerer Reize selbst längere Zeit im
contrahirten Zustande, ohne indess auch jetzt seine Reizbarkeit einzubüssen. Selten und wie es scheint nur nach geringeren Gaben von Muscarin gelingt es, durch Reizung mehrere
aufeinander folgende Contractionen hervorzurufen. Dagegen
genügt meist schon eine active Bewegung des Thieres oder
die Reizung eines Muskels, um eine einzelne Contraction zu
Stande zu bringen. Die Vorhöfe nehmen an diesen Zusammenziehungen nicht Theil, sie verharren vielmehr unverändert in
ihrer diastolischen Stellung; nur anfangs erfolgen auf stärkere
elektrische Reizung zuweilen unvollständige Contractionen. Dagegen tritt regelmässig auf Reizung der Vorhöfe eine Ventrikel-

contraction ein. Für das geschilderte Verhalten des stillstehenden Herzens kann der V. Versuch als Beleg dienen; wir haben dasselbe auch in allen anderen Versuchen beobachtet, wo speciell auf diese Verhältnisse geachtet wurde. Die Unterdrückung der Herzthätigkeit hat anfangs und nach kleineren Gaben auf das Allgemeinbefinden des Thieres keinen Einfluss; dasselbe hüpft nach dem Losbinden ebenso munter umher wie zuvor.

Wie lassen sich nun diese Erscheinungen deuten? Wir haben es offenbar mit einem ungemein stark wirkenden Herzgift zu thun, wenn man darunter im Allgemeinen Stoffe versteht, die neben anderweitigen Erscheinungen oder ohne solche einen Stillstand des Herzens bedingen und zwar zunächst des Froschherzens. Dies geschieht bei den bekannteren Herzgiften durch Lähmung oder Vernichtung der musculomotorischen Kraft des Herzens, meist nach vorausgegangener Erregung desselben, die beim Antiarin (Neufeld), Veratrin (v. Bezold und Hirt) und, wie man sich leicht überzeugen kann, auch beim Digitalin bis zum heftigsten Herztetanus führen kann. Ganz anders verhält sich das Muscarin. Dieses bringt weder einen Tetanus noch eine Lähmung des Herzens hervor. Dass letztere nicht im Spiele ist, wird durch das lange Andauern der Reizbarkeit dargethan (Versuch I. und V.), die bei den herzlähmenden Giften sehr rasch erlischt, meist sogar gleichzeitig mit dem Aufhören der Herzthätigkeit. Es lässt sich daher schon hieraus schliessen, dass die musculomotorische Kraft des Herzens durch das Muscarin nicht vernichtet, sondern nur unterdrückt, in ihrer Thätigkeitsäusserung gehemmt ist. Dies kann aber nur durch Erhöhung der normalen Widerstände geschehen, die vom Vagus ausgehen; es muss derselbe durch das Gift in eine so hochgradige Erregung versetzt werden, dass das Herz wie bei elektrischer Reizung zum Stillstand kommt. Der Sitz dieser Erregung der hemmenden Apparate kann aber nur im Herzen selbst gelegen sein, weil die Durchschneidung beider Vagi am Halse an den Wirkungen des Giftes auf das Herz gar nichts ändert; letzteres kommt ganz ebenso zum Stillstand wie bei unversehrten Vagis. Wir unterlassen es daher die bezüglichen Versuche hier einzeln aufzuführen. Die Bedenken, welche gegen das Zustandekommen eines dauernden Herzstillstandes durch Reizung der

Hemmungsapparate sich erheben, sind durch den neuerdings von A. B. Meyor[1] geführten Nachweis beseitigt, dass durch elektrische Reizung vom Sinus aus ein Herzstillstand hervorgerufen werden kann, der sich nach Stunden zählen lässt, ja so lange andauert, dass das Herz gar nicht wieder zu schlagen beginnt.

' Wenn daher die Annahme einer erhöhten Erregung des Vagus als Ursache des Herzstillstandes durch Muscarin eine richtige ist, so muss diese Wirkung ausbleiben, sobald es gelingt, die peripheren Endigungen dieses Nerven im Herzen zu lähmen, sie gegen jeden Reiz unempfindlich zu machen. Das war bis vor kurzem unmöglich, da uns keine Mittel zu Gebote stehen, durch operative Eingriffe die Vagusendigungen oder mit diesen in Verbindung stehende Endapparate zu eliminiren, und es würden der Erledigung der uns interessirenden Frage auf experimentellem Wege unüberwindliche Schwierigkeiten im Wege stehen, wenn wir nicht durch die Untersuchungen von v. Bezold und Blochaum[2] und die sie bestätigenden von Bidder und Keuchel[3] in dem Atropin ein Mittel kennen gelernt hätten, welches in sehr geringen Mengen bei Säugethieren die Vagusendigungen im Herzen so vollständig lähmt, dass selbst die stärkste galvanische Reizung des Vagus auf die Schlagfolge des Herzens vollständig ohne Einfluss ist. Dasselbe ist auch bei Fröschen der Fall, wie sich der Eine von uns (S.) wiederholt überzeugt hat. Es genügen zur Hervorrufung dieser Wirkung die kleinsten Bruchtheile eines Milligr. der schwefelsauren Verbindung. Man durfte daher erwarten, dass nach vorausgegangener Application sehr geringer Atropinmengen das Muscarin, falls jene Anschauung von seiner Wirkungsweise dem thatsächlichen Verhalten entspricht, nicht mehr im Stande sein werde, das Herz zum Stillstand zu bringen, wenigstens nicht in so kleinen Gaben wie zuvor. Der Erfolg entsprach vollständig diesen Voraussetzungen; zum Beleg dafür mögen von zahlreichen von uns angestellten Versuchen die beiden folgenden dienen.

[1] Das Hemmungsnervensystem des Herzens. Berlin, 1869. p. 32.

[2] Ueber die physiolog. Wirkungen des schwefels. Atropins. Würzburger physiolog. Untersuch. I.

[3] P. Keuchel, Das Atropin und die Hemmungsnerven. Diss. Dorpat, 1869.

II. Versuchsreihe.

X. Versuch. Frosch auf dem Rücken fixirt; Herz blossgelegt.

Zeit:	Herzcontractionen in 1/4 m.	
11h—26m.	11	
11h—29m.	10	
11h—30m.	10	
11h—34m.	—	Subcutane Injection von 3/10 Milligr. Atropin. [1]
11h—35m.	10	
11h—40m.	10	
11h—50m.	10	
12h— 0m.	10	
12h— 7m.	—	Injection von 1/8 Milligr. Muscarin.
12h— 9m.	10	
12h—10m.	10	
12h—20m.	10	
12h—42m.	—	Injection von 1/2 Milligr. Muscarin.
12h—43m.	10	
12h—44m.	8 1/2	
12h—49m.	10	
12h—51m.	—	Injection von 1 Milligr. Muscarin.
12h—52m.	10	
12h—56m.	10	
1h—20m.	8 1/2	
1h—35m.	8	
1h—50m.	9	Die Beobacht. wird unterbr. bis 4h—57m. Nm.
4h—57m.	1 1/4	4—5 in 1m.
4h—56m.	—	Injection von 1 Milligr. Atropin.
4h—59m.	8	
5h— 0m.	0	
5h— 4m.	10	
5h—10m.	10	
5h—30m.	10	
6h—15m.	10 1/2	Die Beobachtung wird aufgegeben.

XI. Versuch. Anordnung wie im vorigen.

Zeit: d. 19. Nov.	Herzcontractionen in 1/4 m.	
12h—35m.	—	Das Herz blossgelegt.
12h—40m.	21	
12h—43m.	20	
12h—45m.	—	Injection von 1/2 Milligr. Atropin.
12h—47m.	21	
12h—50m.	22	
12h—52m.	21 1/2	
12h—57m.	22	

---

[1] Es ist hier wie überall im Folgenden das schwefelsaure Atropin angewendet worden.

Zeit: d. 29. Nov.	Herzcontractionen in ½ m.	
1ʰ— 0ᵐ.	—	Injection von 1 Milligr. freien Muscarins.
1ʰ— 1ᵐ.	22	
1ʰ— 5ᵐ.	22	
1ʰ—10ᵐ.	21	
1ʰ—16ᵐ.	20	
1ʰ—20ᵐ.	18½	
1ʰ—25ᵐ.	19	
1ʰ—45ᵐ.	19	Der Frosch macht lebhafte Bewegungen; er bleibt vor dem Eintrocknen geschützt bis 4ʰ—30ᵐ unbeobachtet.
4ʰ—30ᵐ.	9	Herzcontractionen regelmässig; wenig ergiebig.
6ʰ—45ᵐ.	2½	5 in 1ᵐ gezählt.
d. 30. Nov.		
11ʰ— 0ᵐ.	8	Herzcontractionen regelmässig, ergiebig.
11ʰ—40ᵐ.	6	Etwas Atropin in den Schenkel injicirt; sofort Beschleunigung.
11ʰ—43ᵐ.	17	Die weitere Beobachtung wird aufgegeben.

In beiden Versuchen hat nach vorausgegangener Atropininjection das Muscarin zunächst gar keine Einwirkung auf die Herzthätigkeit, obgleich ohne Atropin oft schon ¹/₂₀—¹/₄₀ Milligr. genügen, um vollkommenen Herzstillstand hervorzurufen. Erst nach mehreren Stunden macht sich eine Abnahme der Pulsfrequenz bemerkbar, die bis auf wenige Schläge in 1ᵐ herabgehen kann, ohne dass es zum Stillstand kommt. Im XI. Versuch ist die Frequenz über Nacht sogar um mehr als das Doppelte gestiegen. Es ist eine auffallende Erscheinung, dass die reizende Wirkung des Muscarins die durch das Atropin bedingte Vaguslähmung überwindet. Dass es sich aber bei dieser spät eintretenden Verlangsamung der Herzschläge in der That um eine Muscarinwirkung handelt und nicht etwa um eine Lähmung des blossliegenden Herzens, das beweist die sofortige Steigerung der Herzcontractionen bis zur normalen Anzahl nach abermaliger Anwendung von etwas Atropin. Auch grössere Mengen von Muscarin, selbst 10 Milligr., verändern die Thätigkeit des atropinisirten Herzens anfänglich nicht merklich.

Es war ferner von grossem Interesse, zu untersuchen, ob das Experiment auch in umgekehrter Ordnung gelingt, d. h. ob das durch Muscarin zum Stillstand gebrachte Froschherz durch Atropin wieder zum Schlagen gebracht werden kann. Ein derartiger Erfolg liess sich nach der aus den vorstehenden Versuchen gewonnenen Erfahrung fast mit Gewissheit voraus-

sehen, unter der Bedingung, dass das Atropin im Stande sein
werde, trotz der in Folge des Herzstillstandes unterdrückten
Circulation zum Herzen vorzudringen. Eine directe Application
von Atropin auf das Herz musste vermieden werden, um jede
Reizung desselben auszuschliessen. Auch diese Versuche ge-
lingen wider Erwarten gut. Es ist gleichgültig, wie lange das
Herz unter der Einwirkung des Muscarins stillgestanden hat,
stets lässt sich seine Thätigkeit wieder hervorrufen, wenn die
Reizbarkeit erhalten blieb. Oft treten die Herzcontractionen
fast unmittelbar nach der Injection des Atropins ein, höchstens
vergehen einige Minuten, und nur wenn der Stillstand sehr
lange gedauert, der Frosch vollständig reflexlos geworden ist,
stellen sich die Pulsationen erst nach 5—10 Minuten ein.
Anfangs beschränken sich dieselben auf den Ventrikel, erst
später nehmen auch die Vorhöfe an demselben Theil, und zuletzt ist sowol der Frequenz als dem Modus nach die normale
Herzthätigkeit wieder hergestellt. Es würde überflüssig sein,
von den zahlreichen Versuchen auch nur einen aufzuführen,
in welchen nach ¼ — ½stündiger Ruhe die Herzthätigkeit durch
Atropin wieder in Gang gebracht werden konnte; keiner dieser
Versuche misslingt; nur in wenigen erlangt das Herz seine
frühere Schlagzahl nicht wieder, was nach längerem Stillstand
die Regel bildet, wie das folgende Beispiel zeigt.

  XII. Versuch. Der Frosch aus dem Versuch V, der vollständig reflexlos ist, und dessen Herz nach ½ Milligr. Muscarin von
12ʰ—30ᵐ. Vm. bis 5ʰ—7ᵐ. Nm. stillgestanden hat, erhält um

5ʰ— 5ᵐ.   . 1 Milligr. Atropin.
5ʰ—14ᵐ.   Das Herz bleibt ruhig; auf mechanische Reizung eine
          regelmässige Contraction des Ventrikels.
5ʰ—16ᵐ.   Es beginnen von selbst rhythmische, sehr ergiebige
          Ventrikelcontractionen.
5ʰ—20ᵐ.   16 Contractionen in 1ᵐ, an denen sich auch die Vor-
          höfe betheiligen.
5ʰ—25ᵐ.   13 Herzcontractionen in 1ᵐ.
6ʰ—15ᵐ.   22 Herzcontractionen in 1ᵐ. Der Frosch reflexlos
          wie früher.

  Die ursprüngliche Anzahl der Herzcontractionen betrug 40—44
in 1ᵐ.

  In diesem Versuche konnte das Herz nach mehr als 4½stün-
digem Stillstand und nach völligem Erlöschen der Gehirn- und Rücken-
marksfunctionen zu neuer Thätigkeit veranlasst werden. Es vergehen
aber 6ᵐ nach der Injection, bevor die ersten Contractionen sich einstellen, die dann sehr allmälig an Zahl zunehmen, ein Verhalten,

welches durch das langsame Vordringen des Atropins zum Herzen zu erklären ist.

Schwieriger als die Wirkung des Muscarins auf das Frosch-
herz im Allgemeinen und das antagonistische Verhalten des
Atropins sind die Erscheinungen nach Reizung des stillstehenden
Herzens mit den herrschenden Anschauungen über die Herzbewegung in Einklang zu bringen, weil hinsichtlich dieser
Anschauungen mehrfache Meinungsverschiedenheiten obwalten.
Daher kann es sich nicht sowol darum handeln, der Thatsache,
dass am stillstehenden Herzen auf mechanische Reizung des
Ventrikels sowol als der Vorhöfe nur im ersteren eine Contraction hervorgerufen wird, eine den gangbarsten Anschauungen über die Innervation des Herzens entsprechende
Deutung zu geben, als vielmehr darum, auf Grund dieser und
anderer hier gewonnener Thatsachen mit Hilfe des Muscarins
die Physiologie der Herzbewegung einem eingehenden Studium
zu unterwerfen, zu welchem Zwecke unter anderem Versuche
am ausgeschnittenen Herzen und an Theilen desselben anzustellen wären, was späteren Untersuchungen vorbehalten bleiben
muss. Gegenwärtig kommt es uns nur darauf an, die Wirkungen des Muscarins in möglichster Kürze darzustellen. Am
einfachsten liesse sich jenes Verhalten des stillstehenden Herzens mit der Ansicht in Einklang bringen, dass in den Vorhöfen die bewegungshemmenden Vorrichtungen stärker vertreten sind als in dem Ventrikel, so dass die mechanische
Reizung der bewegungserregenden Apparate nicht im Stande
ist, die durch das Muscarin gesteigerte Hemmungswirkung zu
überwinden, während die letztere in dem Ventrikel wol die
rhythmischen Contractionen ausschliesst, durch eine Steigerung
der Thätigkeit der bewegungserregenden Centra jedoch soweit
überwunden werden kann, dass eine einzelne Zusammenziehug
des Herzons erfolgt. Für diese Anschauung scheint auch das
Verhalten des Veratrins gegen das durch Muscarin zum Stillstand gebrachte Herz zu sprechen. Dieses Alkaloid erzeugt,
wie erwähnt, nach v. Bezold und Hirt[1] einen „systolischen
Tetanus" der Kammer, der 10 — 20 Secunden anhalten kann,
während die Vorhöfe keine derartige tetanische Form haben

---

[1] Ueber die physiolog. Wirkungen des essigsauren Veratrins. Würzburger physiolog. Unters. I.

und in dieser Zeit 2—4 Pulsationen machen. Es fragte sich
daher, ob nicht das Veratrin in geeigneter Gabe im Stande
sei, ähnlich wie ein mechanischer Reiz auf das stillstehende
Herz zu wirken, mit dem Unterschiede jedoch, dass in diesem
Falle ein stetig wirkender, aber schwacher Reiz gesetzt werden
muss, dass daher keine einzelne Zusammenziehung, sondern
rhythmische Contractionen zu erwarten standen. Der Versuch
bestätigte diese Erwartung vollkommen. Es stellen sich nach
etwa 1 Milligr. Veratrin rhythmische Pulsationen des Ventrikels ein, wie nach regelmässig aufeinanderfolgenden, einzelnen mechanischen Reizungen. Die Frequenz dieser Contractionen erreicht aber nicht die Höhe der normalen, und die
Vorhöfe nehmen an denselben nicht Theil. Wenn man aber
jetzt noch Atropin injicirt, so treten nicht nur rhythmische
Pulsationen in den Vorhöfen ein, sondern es steigt auch die
Frequenz der Ventrikelcontractionen, so dass die Herzthätigkeit
wenigstens anfangs wieder vollständig der normalen gleicht,
wenn die Menge des angewandten Veratrins nicht zu gross war.

Die folgende Versuchsreihe zeigt das Verhalten der Herz-
pulse bei Säugethieren und kann auch dazu dienen, das früher
über die Wirkungen des Muscarins im Allgemeinen Gesagte
zu illustriren.

Die Thiere waren in allen Versuchen, mit Ausnahme des II.,
nicht festgebunden, sondern wurden mit den Händen fixirt. Selbst
Katzen gelingt es soweit zu beruhigen, dass sie auch während der
Pulszählung sich ruhig verhalten. Letztere wurde mit dem Stetboskop
ausgeführt, das Muscarin ausser im II. Versuch subcutan applicirt.

III. Versuchsreihe.

XIII. Versuch. Kleine Katze.

Zeit.	Herzcontractionen in 10 Sec.	
Vor d. Inj.	32—34	Während 10 Minuten mehrmals gezählt.
4ʰ—40ᵐ.	—	Injection von 1,5 Milligr. Muscarin (aus altem Pilzen dargestellt; vergl. p. 9.)
4ʰ—53ᵐ.	22	Pupillen eng; Harn- u. Kothentleerungen; starker Speichelfluss.
4ʰ—56ᵐ.	17	
4ʰ—58ᵐ.	15	Starke Dyspnoe.
5ʰ— 0ᵐ.	13	Pupillen bis auf einen engen Spalt geschwunden.
5ʰ— 6ᵐ.	12	Das Thier macht nur auf Berührung Versuche sich fortzubewegen.
5ʰ—20ᵐ.	11	
5ʰ—30ᵐ.	10	

Zeit.	Herzcontractionen in 10 sec.	
5ʰ—40ᵐ.	10	Das Thier ist sehr schwach; auf stärkere Berührung versucht es sich fortzubewegen, kann jedoch nur wenige Schritte thun. Auf die Seite gelegt, ist es nicht im Stande, sich zu erheben. Es wird durch Atropin wieder hergestellt.

XIV. Versuch. Ziemlich grosse Katze; Thorax und Bauchhöhle (zu einem anderen Zwecke) geöffnet, Tracheotomie, künstliche Respiration.

Zeit.	Herzcontractionen in 10 sec.	
Vor d. Inj.	23—24	
1ʰ—44ᵐ.	—	Injection von 2 Milligr. Muscarin in die Jugularvene.
1ʰ—47ᵐ.	5	Contractionen sehr schwach, unvollständig.
1ʰ—51ᵐ.	6	
1ʰ—53ᵐ.	—	Injection von 3 Milligr. Muscarin in die Jugularis.
1ʰ—54ᵐ.	—	Das Herz macht nur einzelne Contractionen.

XV. Versuch. Grosses Kaninchen.

Zeit.	Herzcontractionen in 10 sec.	
Vor d. Inj.	40	Die Zahl der Herzcontractionen bleibt während 15ᵐ unverändert; 100 Athemzüge in 1ᵐ.
11ʰ—50ᵐ.	—	Injection von 5 Milligr. Muscarin.
11ʰ—50¹⁄₂ᵐ.	—	Leckbewegungen, Kollern im Leibe.
11ʰ—53ᵐ.	33	Speichelfluss, Pupillen unverändert, Ohrgefässe stärker gefüllt; das Thier unruhig.
11ʰ—54ᵐ.	26	Harnentleerung.
11ʰ—55ᵐ.	23	Ohren sehr auffallend injicirt.
11ʰ—55ᵐ.	21	Sehr starker Speichelfluss, Defäcation; Pupillen unverändert; das Thier sonst ganz munter.
12ʰ— 3ᵐ.	20¹⁄₂	Fortwährende Defäcation; 190 Respirationen in 1ᵐ.
12ʰ—10ᵐ.	20	190 - 200 Athemzüge in 1ᵐ.
12ʰ—20ᵐ.	20	Pupillen unverändert; Ohren fortwährend stark injicirt; Speichelfluss, Kollern im Leibe und Defäcation dauern fort.
12ʰ—50ᵐ.	19	Speichelfluss gering; Injection der Ohren unverändert.
1ʰ— 0ᵐ.	17¹⁄₂	
1ʰ—10ᵐ.	19¹⁄₂	Ohren weniger injicirt.
2ʰ—20ᵐ.	33	Ohren normal.

XVI. Versuch. Hund von 8,5 Kilogr. Körpergewicht.

Zeit.	Herzcontractionen in ¹⁄₂ ᵐ.	
Vor d. Inj.	42—46	Während 25ᵐ beobachtet; bei der ersten Zählung 50—56 Herzcontractionen; die Pausen zwischen den einzelnen Herzschlägen ungleich.
11ʰ— 6ᵐ.	—	Injection von ⁴⁄₁₀ Milligr. Muscarin.

3*

Zeit	Herzcontractionen in ¹/₂ m.	
11ʰ— 7ᵐ.	54	
11ʰ— 9ᵐ.	50	Leckbewegungen.
11ʰ—10ᵐ.	—	Geringer Speichelfluss.
11ʰ—15ᵐ.	53	Speichelfluss sehr stark.
11ʰ—25ᵐ.	47	Speichelfluss wird geringer.
11ʰ—40ᵐ.	42	Speichelfluss kaum merklich.
11ʰ—45ᵐ.	40	
11ʰ—46ᵐ.	—	Injection von 1 Milligr. Muscarin.
11ʰ—47ᵐ.	47	
11ʰ—50ᵐ.	47	Starker Speichelfluss.
11ʰ—51ᵐ.	50	
11ʰ—56ᵐ.	51	
12ʰ— 0ᵐ.	46	
12ʰ—10ᵐ.	43	
12ʰ—15ᵐ.	40	Speichelfluss sehr schwach.
12ʰ—19ᵐ.	42	
12ʰ—22ᵐ.	—	Injection von 2 Milligr. Muscarin.
12ʰ—23ᵐ.	54	Speichelfluss sehr stark.
12ʰ—25ᵐ.	54	Pupillen fortwährend unverändert.
12ʰ—34ᵐ.	58	Nach Bewegungen. Defäcation.
12ʰ—42ᵐ.	55	
12ʰ—50ᵐ.	46	
1ʰ— 0ᵐ.	48	

XVII. Versuch. Hund von 9,5 Kilgr. Körpergewicht.

Zeit	Herzcontractionen in ¹/₂ m.	
Vor d. Inj.	32—35	15ᵐ lang beobachtet; Pausen zwischen einzelnen Herzcontractionen ungleich.
12ʰ—50ᵐ.	—	Injection von 5 Milligr. Muscarin.
12ʰ—51ᵐ.	39 ⎫ Speichelfluss und Kollern im Leibe.
12ʰ—54ᵐ.	40 ⎭
12ʰ—55ᵐ.	57	Sehr starker Speichelfluss.
1ʰ— 1ᵐ.	54	Grosse Unruhe des Thieres.
1ʰ— 3ᵐ.	—	Erbrechen und Defäcation, darauf wird das Thier vollkommen ruhig.
1ʰ— 4ᵐ.	44	
1ʰ—10ᵐ.	35	Das Thier zeigt gar keine krankhaften Erscheinungen mehr.
1ʰ—25ᵐ.	40	

XVIII. Versuch. Aeusserst magerer Hund von 9 Kilogr. Körpergewicht.

Zeit	Herzcontractionen in ¹/₂ m.	
Vor d. Inj.	50	Mehrere Male gezählt. Unregelmässigkeit in den Herzpausen, wie in den beiden letzten Versuchen.
12ʰ—10ᵐ.	—	Injection von 11 Milligr. Muscarin.
12ʰ—11ᵐ.	57	

Zeit.	Herzcontractionen in 1/2 m.	
12ʰ—12¹⁄₂ᵐ.	44	
12ʰ—13¹⁄₂ᵐ.	34	
12ʰ—16ᵐ.	5	Das Thier ist schwach, liegt auf der Seite.
12ʰ—17ᵐ.	5	Das Thier regungslos; Respiration sehr schwach; schwache Convulsionen in den Extremitäten; beginnende Agonie; Pupillen etwas verengert.
		Das Thier wird durch Atropin wieder hergestellt.

XIX. Versuch. Der Hund vom vorigen Versuch 2 Tage später. Das Thier hat sich in der Zwischenzeit vollkommen wohl befunden.

Zeit.	Herzcontractionen in 1/2 m.	
Vor d. Inj.	50	Das Thier verharrt ruhig in der Seitenlage.
11ʰ—23ᵐ.	—	Injection von 1 Milligr. Muscarin.
11ʰ—24ᵐ.	48	
11ʰ—26ᵐ.	55	Kollern im Leibe, Speichelfluss.
11ʰ—26ᵐ.	54	Sehr starker Speichelfluss.
11ʰ—30ᵐ.	63	Starker Thränenfluss; Pupillen etwas enger.
11ʰ—33ᵐ.	75	
11ʰ—36ᵐ.	60	Speichelfluss unverändert.
11ʰ—35ᵐ.	67	
11ʰ—39ᵐ.	66	Das Thier hat fortwährend ruhig gelegen.
12ʰ— 6ᵐ.	60	Drängen, Defäcation und Harnentleerung.
12ʰ—20ᵐ.	60	
1ʰ—20ᵐ.	60	

Bei den Katzen, beim Kaninchen und im Versuch XVIII beim Hunde tritt ein sehr bedeutendes Sinken der Pulsfrequenz ein, welche im Versuch XIV nach der Injection des Giftes in das Blut sofort auf ein Minimum gebracht wird, und nach abermaliger Injection sich auf einzelne Contractionen beschränkt. Auch im Versuch XVIII vergehen nach einer relativ grossen Gabe nur wenige Minuten, bis die Zahl der Herzschläge auf ¹⁄₁₀ des früheren Betrages gebracht ist. Dagegen fehlt in den Versuchen XVI, XVII und XIX die Abnahme der Pulszahlen; es ist im Gegentheil eine Steigerung derselben zu beobachten, die man indess als eine Folge der Aufregung und Reizung bei der subcutanen Injection anzusehen geneigt sein könnte, weil sie namentlich im Versuch XVI nach jeder neuen Injection eintritt und ziemlich rasch wieder verschwindet. Allein abgesehen von der von uns gemachten Erfahrung, dass eine Injection von Wasser in dieser Hinsicht keinen Einfluss ausübt, und die Hunde sich bei diesen Operationen sehr ruhig ver-

halten, stellt sich diese Zunahme der Zahl der Herzcontractionen nicht unmittelbar nach der Injection ein, wie es der
Fall sein müsste, wenn es sich um eine Folge von Aufregung
handelte, sondern erreicht allmälig erst das Maximum, um
dann ebenso allmälig wieder dem früheren Verhalten Platz zu
machen. Sehr beweiskräftig ist in dieser Hinsicht der Versuch XIX, der an demselben Hunde angestellt ist, wie der
XVIII. Versuch. Während im letzteren nach einer grossen
Gabe des Giftes die Pulsfrequenz eine ungemein starke Abnahme erfährt, tritt in dem folgenden Versuch nach einer
kleinen Gabe eine Steigerung ein, die erst nach 10 Minuten
ihr Maximum erreicht und dann langsam wieder zurückgeht.
Auch in den beiden anderen Versuchen wird das Maximum
der Steigerung erst allmälig erreicht. Bei Katzen liess sich
diese Zunahme der Zahl der Herzcontractionen nicht mit Sicherheit feststellen. Zwar fehlt nach 0,1—0,3 Milligr. Muscarin
ebenfalls das Sinken, obgleich der Speichelfluss auf eine Wirkung des Giftes auch in dieser Gabe hinweist, es werden die
Pulszahlen auch um ein Geringes grösser; allein die Pulsfrequenz dieser Thiere, die in der Ruhe 25—30 Schläge in
10 Secunden beträgt, wird schon durch geringe Anlässe, wie
passive Bewegungen, psychische Erregung beim Fixiren eines
Gegenstandes mit den Augen u. dergl. auf 34—35 Schläge in
derselben Zeit gesteigert. Grösser ist auch der Effect nicht,
den man nach der Injection jener kleinen Muscarinmengen
beobachtet. Bei dem Kaninchen aus dem Versuch XV erfolgte
nach 1 Milligr. Muscarin rasch eine starke Abnahme der Frequenz der Herzschläge. Dagegen fanden wir beim Menschen
nach Gaben von 3—5 Milligr. regelmässig eine Steigerung der
Pulszahlen, die 2—3 Minuten nach der subcutanen Injection
des Giftes beginnt, allmälig ihr Maximum erreicht und nach
einiger Zeit dem normalen Verhalten Platz macht.

Auf eine mögliche Erklärung dieser Erscheinung kommen
wir später noch zurück, nachdem wir über die Ursache des
Sinkens der Pulsfrequenz in's Klare gekommen sein werden.

Dass es sich auch hier wie beim Froschherzen hauptsächlich um eine Reizung der Vagusendigungen handelt, lässt
sich aus dem entsprechenden Verhalten des Atropins mit Sicherheit schliessen. Bei Thieren, denen man zuvor $1/1$—1 Milligr.
Atropin beigebracht hat, bleiben selbst grosse Gaben Muscarin

(bei Katzen 15—20 Milligr.) scheinbar ohne jede Wirkung auf das Herz, während umgekehrt eine durch das Muscarin erzeugte Herabsetzung der Pulsfrequenz durch dieselben Gaben von Atropin rasch aufgehoben werden kann.

Die folgende Versuchsreihe, die ausser dem Verhalten des Blutdrucks auch diese Wirkung des Atropins zur Anschauung bringt, macht es überflüssig, besondere Versuche als Beleg für das Gesagte aufzuführen. Es sei nur erwähnt, dass im Versuch XIII nach der subcutanen Injection eines Tropfens einer 2% Atropinlösung die Zahl der Herzcontractionen nach einer Minute von 10 in 10 Secunden auf 27 in derselben Zeit gestiegen war und dass im Versuch XVIII nach ungefähr derselben Menge Atropin nach 5 Minuten 45 Pulsschläge (gegen 5 vor der Injection) in ½ Minute gezählt wurden. Vagusdurchschneidung bleibt auch hier vollständig ohne Einfluss auf die Folgen der Muscarinwirkung, wie ebenfalls aus der folgenden Versuchsreihe hervorgeht.

Diese letztere bezieht sich auf das Verhalten des Blutdrucks während der Muscarinvergiftung und hat ausserdem den Zweck, einerseits die Wirkung auf den Vagus zu bestätigen, andererseits zu prüfen, ob das Circulationssystem der Säugethiere sonst noch in einer Weise verändert werde, ob namentlich neben der Einwirkung auf den Vagus auch eine solche auf den musculomotorischen Apparat im Herzen stattfinde.

Aus der Abnahme der Zahl der Herzcontractionen unter der Einwirkung des Muscarins konnte, wenigstens in den schwächeren Graden der Vergiftung, nicht ohne weiteres auf ein Sinken des Blutdrucks geschlossen werden, da es Stoffe giebt, welche die Pulsfrequenz herabsetzen ohne den Blutdruck zu erniedrigen. Dahin gehören nach Traube die Digitalis und nach v. Bezold und Götz das Calabar; bei beiden steigt sogar der Blutdruck trotz der verringerten Pulszahlen. Durch das letztere Gift, welches auch in anderer Hinsicht in seinen Wirkungen mit dem Muscarin viel Aehnlichkeit zeigt, wird nach den Untersuchungen von Arnstein und Sustschinsky [1] die Erregbarkeit der peripheren Endigungen des Vagus bedeutend erhöht, gleichzeitig aber nach v. Bezold und Götz [2] die Kraft der Herz-

[1] Ueber die Wirkung des Calabar auf die Herznerven. Würzburger physiolog. Untersuchungen III.
[2] Centralblatt f. d. med. Wissensch. 1867. Nr. 18.

contractionen verstärkt; dem entsprechend steigt der Blutdruck
nach Calabarvergiftung regelmässig. Anders verhält sich der
Blutdruck bei der Muscarinvergiftung, indem er sofort nach
der Injection auf einen Bruchtheil der normalen Druckhöhe
oder selbst auf den Werth des ruhenden Bluts herabgeht, wie
der erste Versuch der folgenden Versuchsreihe zeigt. In den
meisten Versuchen ist die Abnahme des Blutdrucks keine so
grosse; sie beträgt durchschnittlich etwa ein Drittel des ursprünglichen. Der Blutdruck ist in der Carotis gemessen, die
Injection des Giftes geschah in die V. jugularis.

IV. Versuchsreihe.

XX. Versuch. Kleine Katze, nicht tracheotomirt; Vagi erhalten.

Zeit.	Blutdruck. Mm. Hg.	Herzcontr. in 10 s.	
Vor d. Inj.	121	25	Max. des Blutdrucks — 142 Mm., Min. — 100 Mm.
0"—	—	—	Injection von 2 Milligr. freien Mus- carins; sofort Herzstillstand.
0"—10".	15	—	
0"—15".	—	—	Das Herz beginnt wieder zu schlagen; der Blutdruck steigt im Maximum auf 62 Mm., um gleich darauf abermals zu sinken.
0 —31".	40	—	Das Herz steht wieder still, der Blut- druck sinkt in kurzer Zeit auf wenige Mm. — Tod.

XXI. Versuch. Katze von 2,3 Kigr. Körpergewicht; Tracheotomie ohne künstliche Respiration.

a,

Zeit.	Blutdruck. Mm. Hg.	Herzcontr. in 10 s.	
Vor d. Inj.	160	45(?)	Die Pulse wahrscheinlich durch Eigen- schwankungen des Queeksilbers beein- flusst. Max. des Blutdrucks — 168 Mm., Min. — 152.
0"—	—	—	Injection von 2 Milligr. freien Mus- carins.
0"— 9".	64		
4"—40".	62	15—20.	
10"— 0".	74		

b. Es werden dem Thier beiderseits die Vagi durchschnitten; die
in die Carotis eingebundene Canüle gereinigt und von neuem
mit dem Kymographion in Verbindung gesetzt.

Zeit	Blutdruck. Mm. Hg.	Herzcontr. in 10 s.	
	112	31	Max. des Blutdrucks — 118, Min. — 106, während 1ᵐ beobachtet.
0ᵐ—	—	—	Injection von 2½ Milligr. Muscarin; Herzstillstand, der Blutdruck sinkt auf:
	26		
0ᵐ—45ˢ.	—	—	Das Herz beginnt wieder zu schlagen, regelmässig 12—13 Contractionen in 10ˢ, der Blutdruck steigt allmälig.
1ᵐ—45ˢ.	70	—	

XXII. Versuch. Katze von 1,2 Klgr., beiderseits Vagi und Sympathici blossgelegt; Tracheotomie.

a.

Zeit	Blutdruck. Mm. Hg.	Herzcontr. in 10 s.	
Vor d. Inj.	105	31	
0ᵐ—	—	—	Injection von 1 Milligr. freien Muscarins.
0ᵐ— 7ˢ.	20	—	Gleich darauf erhebt sich der Blutdruck und bleibt constant:
	39	9	Max. des Blutdrucks — 50, Min. — 29; die Differenz wird durch grosse Pulsschwankungen bedingt.
1ᵐ— 0ˢ.	—	—	Durchschneidung beider Vagi.
1ᵐ—15ˢ.	46	11½	
2ᵐ— 0ˢ.	85		Pulsschwankungen im Mittel 20 Mm. hoch.
2ᵐ—35ˢ.	56	11½	

b. 13 Minuten später, nachdem die Canüle gereinigt und mit dem Kymographion wieder in Verbindung gebracht war.

Zeit	Blutdruck. Mm. Hg	Herzcontr. in 10 s.	
	65	11½	
0ᵐ—	—	—	Injection von 2 Milligr. Atropin in die Jugularvene.
0ᵐ—45ˢ.	114	20	Während der Injection war der Hahn am Kymographion geschlossen.
2ᵐ— 5ˢ.	142	24	

XXIII. Versuch. Katze von 4,1 Klgr. Körpergewicht; Vagi und Sympathici blossgelegt; schwache Curarevergiftung; künstliche Respiration.

Zeit	Blutdruck. Mm. Hg.	Herzcontr. in 10 s.	
Vor d. Inj.	157	33	
0ᵐ—	—	—	Injection von 2 Milligr. schwefels. Muscarin.
0ᵐ—10ˢ.	57	26	Pulsschwankungen wenig grösser als zuvor.
0ᵐ—40ˢ.	58	19	

Zeit	Blutdruck. Mm. Hg.	Herzschl. in 10s.	
1ᵐ— 0ˢ.	60	—	
1ᵐ—10ˢ.	93	12½	Max. des Blutdr. — 116, Min. — 70; die Differenz ist durch grosse Puls- schwankungen bedingt, welche aber bei der Zählung mit den Herzcontractionen übereinstimmend gefunden werden.
1ᵐ—15ˢ.	—	—	Injection von 1½ Milligr. schwefel- saurem Muscarin.
1ᵐ—20ˢ.	100	—	
2ᵐ— 5ˢ.	93	13	Durchschneidung beider Vagi und Sym- pathici.
2ᵐ—25ˢ.	93	—	
2ᵐ—50ˢ.	83	13	
2ᵐ—55ˢ.	—	—	Injection von 1 Milligr. Atropin in die Jugularvene.
3ᵐ— 6ˢ.	156	—	
3ᵐ—11ˢ.	133	39	
3ᵐ—28ˢ.	172	41	
4ᵐ— 5ˢ.	219	41	
5ᵐ—10ˢ.	200	—	

XXIV. Versuch. Katze von 2,4 Klgr. Beide Vagi 1ʰ vor Beginn des Versuchs durchschnitten; die Reizbarkeit derselben hat sich in dieser Zeit nicht verändert.

a.

Zeit	Blutdruck. Mm. Hg.	Herzschl. in 10s.	
Vor d. Inj.	195—204	43—44	1ᵐ 25ˢ lang beobachtet.
0ᵐ—	—	—	Injection von 2 Milligr. freien Muscarins.
0ᵐ— 7ˢ.	115	—	
0ᵐ—13ˢ.	76	17½	
1ᵐ— 0ˢ;	54	19½	

b. 11 Minuten später, nach der Reinigung der Canüle.

Zeit	Blutdruck. Mm. Hg.	Herzschl. in 10s.	
0ᵐ—	114	23½	
2ᵐ— 0ˢ.	126	24	Injection von 2 Milligr. Muscarin.
2ᵐ—42ˢ.	54	17½	
3ᵐ—21ˢ.	88	—	Es werden aus einer kleinen Pipette mit fein ausgezogener Spitze 4 kleine Tropfen Atropinlösung (2%) in die Halswunde gebracht.
3ᵐ—44ˢ.	95	19½	
4ᵐ— 4ˢ.	140	31½	
4ᵐ—40ˢ.	156	33	
5ᵐ— 0ˢ.	160	—	
6ᵐ— 8ˢ.	170	39	

c. 20 Minuten später; Canüle abermals gereinigt.

Zeit.	Blutdruck. Mm. Hg. 170	Herzontr. in 10 s. 35	
0 "—	—	—	Injection von 10 Milligr. freien Muscarins.
0 "—10 ".	240	—	
0 "—27 ".	202	—	
0 "—43 ".	194	35 1/2	
0 "—59 ".	—	—	Abermalige Injection v. 10 Milligr. freien Muscarins.
1 "— 7 ".	250	37 1/2	
1 —15 ".	205	—	
1 "—37 ".	194	87	
2 "—25 ".	166	37	
2 "—50 ".	168	36	

XXV. Versuch. Katze von 2,4 Klgr. Tracheotomie, Vagi durchschnitten, das Thier mit 2 Milligr. Atropin vergiftet.

Zeit.	Blutdruck. Mm. Hg.	Herzontr. in 10 s.	
0 "—	162	—	
0 "—15 ".	160	31	Reizung des linken Vagus hat keinen Einfluss.
1 "— 5 ".	161	—	Injection von 16 Milligr. schwefels. Muscarin; der Blutdruck beginnt während der Injection zu steigen.
1 "—13 ".	—	—	Injection vollendet.
1 "—22 ".	206	—	Es werden keine Pulse verzeichnet.
2 "— 1 ".	172	37	
2 "—50 ".	165	—	Reizung des linken Vagus durch 15 ".
3 "— 0 ".	165	—	
3 "—20 ".	163	—	Reizung des Vagus bei übereinander geschobenen Rollen.
3 "—25 ".	165	—	
3 "—42 ".	165	—	Nochmalige Reizung des Vagus.
4 "—10 ".	165	—	

Die Reizbarkeit des Vagus war vor der Injection von Atropin constatirt worden.

In allen Versuchen ist unmittelbar nach der Injection das Sinken des Blutdruckes am stärksten. Setzt man den Blutdruck vor der Injection — 1, so beträgt er unmittelbar nach derselben im XX. Versuch 0,15, im XXI. nach der ersten Injection 0,4, im XXII. Versuch 0,19, im XXIII. 0,36 und im XXIV. 0,39. Auf diesem niedrigen Stand verweilt der Druck indess nur kurze Zeit; er steigt vielmehr rascher oder langsamer wieder an, ausser im XX. Versuch, in welchem er nach einem

vorübergehenden Ansteigen in Folge des definitiven Herzstillstandes allmälig auf die Abscissenlinie herabgeht. Im XXI.
Versuch steigt der Druck nach der ersten Injection in 10 Minuten nur um 10 Mm., nach der zweiten schon in 1 Minute
um 44 Mm., weil es auch hier zum Herzstillstand kam, nach
dessen Aufhören ein rasches Steigen stattfindet. Im XXII. Versuch steigt der Druck nach einem plötzlichen Abfallen in nicht
ganz 2 Minuten am 45 Mm., um dann in der nächsten Minute
wieder etwas zu sinken; auch hier war ein sehr starkes
Sinken dem Wiederansteigen vorausgegangen.

Das Wiederansteigen des Blutdrucks nach dem ersten
starken, unmittelbar auf die Injection des Giftes folgenden
Sinken erklärt sich zum grossen Theil dadurch, dass bei der
Injection des Muscarins in die Jugularvene die ganze Menge
desselben zunächst mit dem rechten und dann auch mit dem
linken Herzen in Berührung kommt und auf dieses Organ seine
ganze Wirkung auf einmal entfalten kann, die später nach der
gleichmässigen Vertheilung des Giftes im ganzen Organismus
eine entsprechende Verringerung erfährt. Zum Theil dürften
hier wol auch andere Momente im Spiele sein.

Es fragt sich nun, ob das Sinken des Blutdrucks als Folge
der Vagusreizung durch das Muscarin zu betrachten ist. Nach
den Resultaten der aufgeführten Versuche kann darüber kaum
ein Zweifel aufkommen, und es sind die Druckhöhen von
18 Mm. im XX. und von 26 Mm. im XXI. Versuche unter b,
die während des Herzstillstandes beobachtet wurden und im
ersteren Versuch 5, im letzteren etwa 40 Secunden constant
bleiben, als Ausdruck der Spannung des ruhenden Bluts anzusehen, wie sie Brunner in seinen bekannten Versuchen nach
Vagusreizung erhalten hat. Nur durch die Annahme, dass
Vagusreizung die Ursache der Druckveränderung ist, lässt sich
das antagonistische Verhalten des Atropins der letzteren gegenüber erklären. Unmittelbar nachdem das Atropin in den Blut-
kreislauf gelangt ist, beginnt das Ansteigen des in Folge der
Muscarinwirkung gesunkenen Blutdrucks, der wie nach Vagusdurchschneidung rasch über die ursprüngliche (normale) Höhe
hinausgeht (Vers. XXII, b, XXIII und XXIV, b); dem entsprechend erfährt er nach vorausgegangener Atropininjection
selbst nach mehrfach grösseren Mengen von Muscarin nicht
nur keine Erniedrigung mehr, sondern im Gegentheil eine

Steigerung (Versuch XXIV, c. und XXV). Man könnte daran
denken, dass das Atropin nicht nur die Vagusendigungen im
Herzen, sondern auch andere Apparate, die vielleicht an der
Druckerniedrigung betheiligt sind, gegen die Einwirkung des
Muscarins unempfindlich macht oder geradezu einen compen-
sirenden Einfluss ausübt. Dass Letzteres nicht der Fall sein
kann, geht daraus hervor, dass nach vorausgegangener Vagusdurchschneidung der Blutdruck durch jene kleinen Atropinmengen, welche zur Aufhebung der Muscarinwirkung genügend
sind, nicht beeinflusst wird, wie wir uns durch directe Versuche überzeugt haben. Nur bei intacten Vagls sind sehr
schwache Vergiftungen, welche hinreichen, die Vagusendungen
zu lähmen, mit einer geringen Drucksteigerung im arteriellen
Systeme verbunden, wie v. Bezold und Blocbaum angeben. [1]
Dagegen lässt sich die Betheiligung anderer Momente ausser
der Vagusreizung an der Druckerniedrigung bei der Muscarinvergiftung nicht in Abrede stellen. Es ist im Gegentheil sehr
wahrscheinlich, dass der Tonus der Gefässe an derselben einen
gewissen Antheil hat, indem aus den Erscheinungen, die das
Kaninchenohr während der Muscarinvergiftung darbietet, geschlossen werden kann, dass der Gefässtonus eine bedeutende
Herabsetzung, vielleicht sogar Lähmung durch dieses Gift erfährt. Die Ohrgefässe dieser Thiere sind während der ganzen
Dauer der Vergiftung so ungemein stark injicirt, wie man es
sonst nur nach Durchschneidung des Sympathicus zu sehen
gewohnt ist. Die Blutfüllung zeigt durchaus keinen Wechsel
mehr, wie sonst bei Kaninchen, sondern bleibt während der
ganzen Zeit vollständig unverändert. Es ist diese Erscheinung
um so auffallender, als man wegen der herabgesetzten Circulation und dadurch bedingten Verringerung des Blutzuflusses
eher ein Blasswerden der peripherischen Theile erwarten dürfte,
und spricht um so mehr für eine Aufhebung des Gefässtonus.
Da wir aber keinen Grund haben, diese Veränderung auf die
Ohrgefässe zu beschränken, so lässt sich die Annahme recht-
fertigen, dass der Tonus aller Gefässe des Körpers herabgesetzt
wird und an dem Zustandekommen der Blutdruckverminderung
Theil nimmt. In diesem Falle erklärt sich auch die Thatsache,
dass in manchen Fällen die Abnahme der Pulsfrequenz und

---

[1] a. a. O. p. 44 u. Vers. I, II u. III auf p. 28 u. 29.

das Sinken des Blutdrucks nicht mit einander Hand in Hand gehen, wie der XXIII. Versuch deutlich zeigt. Hier fällt der Druck nach der Injection des Muscarins in 10 Secunden von 157 Mm. auf 57, während die Pulszahlen gleichzeitig sich nur im Verhältniss von 33 : 26 verringern (von 195 in 1 Minute auf 156); dann wächst die Druckhöhe allmälig, während die Zahl der Herzschläge eine weitere, dauernde Herabsetzung auf 13 (gegen 33) erfährt. Hier kann daher das Wiederansteigen des Blutdrucks nicht von einer geringeren Einwirkung des Giftes auf die Hemmungsapparate im Herzen in Folge seiner Vertheilung durch den ganzen Körper abhängig gemacht werden. Ueber die Ursache dieser Erscheinung lässt sich nichts Sicheres aussagen, da während einer längere Zeit dauernden gleichmässigen Vagusreizung, die noch nicht zum Herzstillstand führt, das anfängliche starke Sinken in irgend einer Weise bis zu einem gewissen Grade ausgeglichen werden könnte; z. B. durch vermehrte Füllung des Gefässsystems in Folge einer Aufnahme von Parenchymflüssigkeit. Ein Grund für das Ansteigen des Blutdrucks kann auch darin liegen, dass während des später zu besprechenden Darmtetanus bei Muscarinvergiftung, der an einzelnen Parthien des Darms beginnt, nach kleineren Gaben nur auf diese beschränkt bleibt und erst nach grösseren Mengen des Giftes den ganzen Darm ergreift, durch Verengerung der Lumina der Darmgefässe — der tetanisch contrahirte Darm erscheint vollständig weiss — die Widerstände in der arteriellen Strombahn vermehrt werden, und der Druck in den grösseren Arterien wächst. [1]

Die Annahme, dass durch das Muscarin der Gefässtonus gelähmt wird, setzt nicht eine entgegengesetzte Wirkung des Atropins voraus, wie man aus dem Umstande schliessen könnte, dass durch das Atropin der arterielle Druck nicht nur zur früheren Höhe, sondern auch darüber hinaus gebracht wird. Es kann das auch bei fortbestehender Herabsetzung des Gefässtonus einfach durch den gänzlichen Wegfall der Vaguswirkung bedingt sein, so dass dadurch die Erweiterung der Blutbahn in ihrem Einfluss auf die arterielle Spannung übercompensirt wird und nicht zur Erscheinung kommt. Mit Sicherheit lassen sich indess alle dabei vielleicht in Betracht kommenden Verhältnisse nicht übersehen.

---

[1] Vergl. v. Bezold u. Götz. Centralbl. 1867. Nr. 16.

Die Veränderung des Gefässtonus muss natürlich auf eine Lähmung des im Gehirn liegenden Gefässcentrums zurückgeführt werden, da eine Lähmung der Muskelfasern der Gefässwände mit den übrigen Wirkungen des Muscarins auf die Organe mit glatten Muskelfasern unvereinbar ist. Es wäre das die einzige lähmende Wirkung, die das Muscarin in den von uns angewendeten kleinen Gaben von vorne herein ausübt. Doch handelt es sich auch hier vielleicht nur um eine Hemmungswirkung, indem durch Reizung gewisser, wahrscheinlich im Gehirn selbst liegender Apparate die Thätigkeit des vasomotorischen Centrums beeinträchtigt wird. Um eine durch die Depressorfasern vermittelte Reflexlähmung kann es sich hierbei nicht handeln, da die Durchschneidungen dieser Nerven (z. B. im Vers. XXIII. zusammen mit den Vagis und Sympathicis) keine Veränderungen des unter der Muscarinwirkung stehenden Drucks hervorbringt.

Was das Verhalten des musculomotorischen Apparats des Herzens betrifft, so lässt sich eine Lähmung desselben schon in Analogie mit dem Froschherzen ausschliessen. Wir sind im Gegentheil berechtigt anzunehmen, dass die Kraft der Herzcontractionen durch das Muscarin gesteigert werde, dass also auch die bewegungserregenden Centren im Herzen eine Reizung erfahren. Wenigstens lässt sich nur in dieser Weise eine Steigerung des Blutdrucks erklären, die in den Versuchen XXIV., c. und XXV. nach vorausgegangener Atropinvergiftung beobachtet wird. Das Atropin übt nach v. Bezold und Bloebaum in kleinen Mengen keinen lähmenden Einfluss auf das Herz aus, wie auch aus dem oben angegebenen Verhalten des Blutdrucks nach solchen Gaben hervorgeht; das Muscarin kann daher auf diesen Theil des Herzens noch wirken, wenn die Hemmungsapparate schon seinem Einfluss entzogen sind. Aber diese Wirkung ist im Verhältniss zu der auf den Vagus eine sehr geringe. Die Steigerung des arteriellen Drucks tritt unmittelbar nach der Injection des Giftes in die Jugularvene ein und hält nur kurze Zeit an, wie es scheint nur so lange, als das Gift sich im Herzen befindet. Nach seiner Vertheilung im ganzen Körper kehrt der Druck auf seine frühere Höhe zurück.

Die bereits erwähnte Aehnlichkeit in der Wirkung des Muscarins mit der des Calabars besteht sich nur auf die durch beide Stoffe bedingte Vagusreizung und das antagonistische Verhalten des Atropins gegen dieselbe. Soweit die Angaben der Autoren und die Erfahrungen, die der Eine von uns (8.) gemacht, reichen, lässt sich durch das Calabar nur schwer ein Stillstand des Froschherzens hervorrufen; es kommt zwar das Herz nach grösseren Gaben in der Diastole zur Ruhe, aber es folgt diesem Stillstand bald vollständige Lähmung. Das Calabar scheint eine combinirte Wirkung auf das Herz auszuüben: zunächst gleichzeitig und in gleichem Grade die Erregbarkeit der Vagusendigungen und der musculomotorischen Apparate zu steigern, sodann letztere zu lähmen. Nach Arnstein und Suslschinsky [1] wird die Leistungsfähigkeit der durch Atropin gelähmten Vagusendigungen durch das Calabar wiederhergestellt, nicht aber durch das Muscarin, wie aus unseren Blutdruckversuchen (Vers. XXIV., c. und XXV.) geschlossen werden muss.

Um schliesslich auf die Frage nach der Ursache der nach kleinen Muscarinmengen bei Menschen und Hunden beobachteten Steigerung der Pulsfrequenz zurückzukommen, so lässt sich darüber vorläufig nichts Sicheres angeben, da speciell auf Entscheidung dieser Frage gerichtete Versuche von uns nicht augestellt sind. Doch dürfte die Vermuthung gerechtfertigt sein, dass jene Steigerung mit dem jedesmaligen normalen Erregungszustand des Vagus im Zusammenhang stehe. Dieser, der sog. Vagustonus, ist im physiologischen Zustande beim Menschen und bei Hunden ein grösserer als bei Katzen und Kaninchen. Nach v. Bezold [2] beträgt beim Menschen die Zahl der Herzschläge ohne den Vagustonus 140—160, mit demselben 72—50, so dass die Hemmungsäste des Vagus die Pulsfrequenz auf die Hälfte, ja unter Umständen auf den dritten Theil der Grösse fortdauernd herabsetzen, welche bei gelähmtem Herzvagus zu beobachten sein würde. Beim Hunde hält der Tonus des Vagus in normalen Fällen die Pulsfrequenz auf dem dritten bis vierten Theil jenes Werthes bei gelähmtem Vagus. Der Vagustonus bei Kaninchen ist dagegen gewöhnlich so schwach, dass die Pulsfrequenz nach Eliminirung des Vagus $^1/_1$—$^3/_2$ von jener bei normaler Vagusthätigkeit ausmacht. Aus den Versuchen von Bidder und Keuchel [3] über die Wirkung des Atropins auf die Endigungen des Herzvagus lässt sich, soweit Katzen benutzt worden sind, schliessen, dass der Vagustonus

---

[1] a. a. O. p. 101.

[2] v. Bezold u. Bloebaum a. a. O. p. 57.

[3] Keuchel a. a. O.

dieser Thiere nicht grösser ist als bei Kaninchen. Damit
stimmen auch unsere eigenen Erfahrungen überein. Wenn
nun sehr kleine Mengen von Muscarin (relativ bei verschiedenen Thierspecies) in die Blutbahn gelangen, so wird ihre Wirkung auf den Vagus bei Menschen und Hunden verschieden
sein von der bei Katzen und Kaninchen. Denn wenn, wie
im ersteren Fall, der Vagus sich bereits im Zustande einer
stärkeren Erregung befindet, so wird ein neuer Reiz von geringer Stärke nicht im Stande sein, die Erregung noch zu
steigern, während im anderen Fall, bei Katzen und Kaninchen,
der wenig erregte Nerv leicht zu verstärkter Thätigkeit veranlasst wird. Wirken bei der Muscarinvergiftung gleichzeitig
Momente mit, welche an sich einen Einfluss auf die Herzthätigkeit ausüben, so wird, falls eine Beschleunigung der Zahl
der Herzschläge die Folge eines solchen Einflusses ist, diese
bei Menschen und Hunden leichter zu Stande kommen können,
als bei Katzen und Kaninchen. Solche Momente können aber
in der Einwirkung des Muscarins auf den Gefässtonus, auf
das excitirende Herznervensystem, welches in dieser Beziehung
zu untersuchen wäre, ferner in dem Darmtetanus, am wenigsten aber wahrscheinlich in der oben constatirten Steigerung
der Erregbarkeit der bewegungserregenden Apparate des Herzens gegeben sein.

3. Die Wirkungen des Muscarins auf die Respiration.

Die Veränderungen, welche die Respiration unter dem
Einflusse des Muscarins erleidet, bestehen, wie erwähnt, darin,
dass nach kleineren Mengen eine sehr bedeutende Steigerung
der Zahl der Athembewegungen eintritt, die bei der Erholung
des Thieres dem normalen Verhalten Platz macht, während
nach mittleren Gaben auf diese Beschleunigung eine Verminderung der Athemfrequenz folgt, die bis zum Respirationsstillstand führen kann. Durch grosse Gaben erfahren die Athemzüge sofort eine Abnahme an Zahl ohne vorhergehende Beschleunigung und der Tod kann sehr rasch durch Stillstand
der Athmung eintreten. Mit der Frequenzzunahme verbindet
sich stets eine vermehrte Intensität der Athembewegungen;
die Inspiration erfolgt verhältnissmässig langsam unter Betheil-
ligung sämmtlicher Thoraxmuskeln, die Nasenflügel spielen,

die Thiere scheinen mit geöffnetem Maule nach Luft zu schnappen. Die Exspiration dagegen vollzieht sich rasch, stossweise, hat fast einen krampfhaften Charakter — kurz man hat das Bild einer ausgesprochenen Dyspnoe. In dem Maasse als die Frequenz abnimmt, ändert sich auch der Respirationsmodus; die Exspirationsphasen werden immer länger, die Inspirationsstellung verhältnissmässig kürzer, und zuletzt erfolgt der Stillstand der Athembewegungen in der Exspiration. Wir führen als Beispiel für das Verhalten der Respiration von mehreren von uns speciell zu diesem Zwecke angestellten Versuchen 3 auf, welche alle erwähnten Veränderungen repräsentiren: 1) Steigerung ohne darauffolgendes Sinken (Vers. XXVI.), 2) Steigerung mit nachfolgender Abnahme (Vers. XXVII.) und 3) Stillstand ohne vorhergehendo anhaltendere Steigerung. Die einzelnen Thierspecies verhalten sich nur in Bezug auf die Grösse der Gabe verschieden.

V. Versuchsreihe.

XXVI. Versuch. Hund unter Mittelgrösse; in der Seitenlage fixirt.

Zeit	Herzschläge in 10 s.	Respirationen in 1 m.	
11ʰ—25ᵐ.	—	15	Respiration regelmäss. tief; Nadelstiche
11ʰ—40ᵐ.	17	15	lassen Puls u. Respiration unverändert.
11ʰ—42ᵐ.	—	—	Subcutane Injection von 5 Milligr. Muscarin. Bald vorübergehende Unruhe.
11ʰ—45ᵐ.	27	25	Das Thier ruhig; starker Speichelfluss.
11ʰ—50ᵐ.	14	21	R. etwas angestrengt, aber nicht eigentlich dyspnoisch.
11ʰ—55ᵐ.	18	21	Pupillen unverändert; starke Darmbewegungen mit Kollern im Leibe.
12ʰ— 5ᵐ.	10	19	
12ʰ— 6ᵐ.	—	—	Injection von 10 Milligr. Muscarin.
12ʰ—10ᵐ.	—	25	Erbrechen, Entleerung flüssiger Faecalmassen.
12ʰ—15ᵐ.	15	35	Inspiration mühsam, verlängert (relativ), Exspiration kurz, fast krampfhaft; starker Speichelfluss; Pupillen verengert; das Thier ruhig.
12ʰ—20ᵐ.	15	36	
12ʰ—25ᵐ.	16	36	
12ʰ—30ᵐ.	—	37	
12ʰ—35ᵐ.	20	39	R. weniger dyspnoisch.

Zeit:	Herzschläge in 10 s.	Respirationen in 1 m.	
12ᵇ—40ᵐ.	21	33	Die Vergiftungserscheinungen beginnen zu schwinden.
12ᵇ—50ᵐ.	21	28	Der Respirationsmodus unterscheidet sich nur wenig vom normalen.
1ᵇ— 6ᵐ.			Das Thier verhält sich nach dem Losbinden ganz wie ein gesundes.

XXVII. Versuch. Grosse Katze, nicht festgebunden.

Zeit.	Herzschläge in 10 s.	Respirationen in 15 s.	
11ᵇ—30ᵐ.	14	7	Das Thier verhält sich während der ganzen Zeit vollkommen ruhig in sitzender Stellung auf dem Tische.
11ᵇ—33ᵐ.	15	6	
11ᵇ—40ᵐ.	15	8	
11ᵇ—42ᵐ.	15	0	
11ᵇ—43ᵐ.	—	—	Subcutane Injection von 3 Milligr. Muscarin.
11ᵇ—43½ᵐ.	19	7	
11ᵇ—45ᵐ.	14	9	Pupillen enger; seit 3ᵐ Speichelfluss.
11ᵇ—52ᵐ.	11	17	Speichelfluss sehr stark.
11ᵇ—55ᵐ.	—	17	R. wenig dyspnoisch; Harn- u. Kothentleerungen.
11ᵇ—57ᵐ.	11	22	R. stark dyspnoisch; Pupillen nicht sehr eng.
12ᵇ— 1ᵐ.	—	29	Exspiration kurz, stossend; das Thier unruhig, athmet mit geöffnetem Maul und vorgestreckter Zunge.
12ᵇ— 7ᵐ.	9	29	
12ᵇ—10ᵐ.	9	32	Das Thier liegt ausgestreckt da, macht keinen Versuch sich zu erheben. Pupillen bis zur Berührung der Irisränder verengert; Entleer.schanmigerFaecalm.
12 —20ᵐ.	9	34	
12ᵇ—30ᵐ.	8	34	Exspiration fast krampfhaft.
12ᵇ—40ᵐ.	8	19	Respirationsmodus derselbe.
12ᵇ—55ᵐ.	8	18	Dyspnoe geringer, das Maul beim Athmen nicht mehr geöffnet; das Thier liegt ruhig auf der Seite.
1ᵇ— 5ᵐ.	8	11	Dyspnoe viel geringer.
1ᵇ—20ᵐ.	—	8	R. nicht mehr dyspnoisch, sonst der Zustand unverändert.
2ᵇ—30ᵐ.	8	6½	Das Thier sitzt zusammengekauert, sonst derselbe Zustand.
5 —15ᵐ.	8	11	Das Thier liegt ausgestreckt, macht keinen Versuch zu irgend einer Bewegung; auf die Füsse gestellt versucht es vergeblich sich fortzubewegen; Pupillen vollständig geschwunden; krampfhafte Zuckungen in den hintern Extremitäten.

4*

Zeit.	Reizschläge in 10 s.	Respirationen in 15 s	
6ʰ — 0ᵐ.	—	—	Derselbe Zustand. Während des ganzen Versuchs ist kein Erbrechen erfolgt.

Das Thier wird durch Atropin wieder hergestellt.

XXVIII. Versuch. Kleines Junges Kaninchen, nicht festgebunden.

Zeit	Herzschläge in 10 s.	Respirationen in 15 s.	
12ʰ — 3ᵐ.	34—36	22	Das Thier fast beständig ruhig, in
12ʰ—15ᵐ.	33	30	sitzender Stellung auf dem Tische.
12ʰ—22ᵐ.	—	—	Subcutane Injection von 5 Milligr. Muscarin.
12ʰ—23ᵐ.	—	—	Eintritt der ersten Vergiftungserscheinungen: Leckbewegungen, Kollern im Leibe; die Ohrgefässe sehr stark injicirt.
12ʰ - 25ᵐ.	—	23	
12ʰ—27ᵐ.	20	25	Speichel- u. Thränenfluss; das Thier wird unruhig; die Respiration momentan sehr frequent, wegen der Unruhe des Thieres nicht zu zählen; gleich darauf plötzliches Sinken der Zahl der Athemzüge.
12ʰ—30ᵐ.			Die R. steht still; es erfolgen darauf noch einzelne krampfhafte Athemzüge, dann definitiver Stillstand.
12ʰ—33ᵐ.	10—12	—	Die Herzcontractionen sind durch die Brustwandung hindurch wahrzunehmen; gleich darauf Stillstand des Herzens.

In einem Versuch an einer Katze trat nach 13½ Milligr. Muscarin, in der Zeit einer Stunde in Gaben von ½, 1, 2, 2, 5 und 5 Milligr. in das Blut injicirt, nach starker Beschleunigung durch die erste Gabe von 2 Milligr. 13 Minuten nach der letzten Injection der Stillstand der Athembewegungen ein, nachdem die Zahl derselben unmittelbar vorher 6 in 15ˢ betragen hatte. Das Herz machte beim Eintritt des Respirationsstillstandes 78 Schläge in der Minute.

Diesen Respirationsstillstand darf man nicht mit einer wahren Erstickung verwechseln, die zuweilen, obwol selten, durch Verschluss der Stimmritze in Folge von Schleimansammlung hervorgebracht zu werden scheint. Mit der profusen Speichelsecretion verbindet sich stets eine starke Schleimabsonderung der Mundhöhle, des Rachens und der Bronchien. Bei tracheotomirten Thieren ist man genöthigt, die in die Trachea eingebundene Canüle öfters von Schleim zu reinigen, der sich hier sowie in der Trachea selbst in reichlicher Menge ansammelt. In dieser Weise erklärt sich der bisweilen eintretende plötzliche Tod nach Gaben, die sonst gar nicht oder erst nach einiger Zeit zu tödten pflegen. Bei der Section findet man stets Schleim in der Trachea.

Wie sind jene durch das Muscarin bedingten Respirationsstörungen zu erklären, wie kommt die Erregung des respiratorischen Centrums, die in der Steigerung der Athemfrequenz ihren Ausdruck findet, zu Stande? Handelt es sich 1) um eine Reizung der peripheren Endigungen des Lungenvagus und um eine Fortleitung dieses Reizes bis zum Respirationscentrum, oder 2) um eine erhöhte Erregbarkeit dieses Centrums selbst, oder endlich 3) wird die Zunahme der Zahl der Athemzüge und die Dyspnoe durch mangelhafte Lüftung des Bluts in Folge des Darniederliegens der Circulation bedingt?

Die erste dieser drei Arten der Erregung des Athmungscentrums lässt sich leicht der experimentellen Prüfung unterwerfen. Denn wenn der dyspnoische Zustand der Respiration durch die Erregung der Vagusendigungen in der Lunge hervorgebracht wird, so muss die Dyspnoe nach der Durchschneidung der Vagi am Halse ausbleiben oder, nach geschehener Beibringung des Giftes, aufhören, weil eine Fortleitung des Reizes in centripetaler Richtung jetzt ausgeschlossen ist. Die folgenden Versuche liefern den Beweis, dass die Vagi bei der Entstehung der Dyspnoe unbetheiligt sind, da ihre vorherige Durchschneidung auf das Zustandekommen der Respirationsänderungen gar keinen Einfluss ausübt. Die Thiere wurden tracheotomirt, um den Einfluss der Lähmung der Stimmbänder zu eliminiren. Das Muscarin wurde in die Jugularvene injicirt.

VI. Versuchsreihe.

XXIX. Versuch. Katze von 3,2 Klgr., auf dem Rücken fixirt, tracheotomirt; Vagi am Halse durchschnitten mit Schonung der Sympathici. [1]

Zeit.	Herzschläge in 10 s.	Respirationen in ½ Min.	
12ʰ—49ᵐ.	33	11	Die Tiefe der einzelnen Athembewegungen ist sehr verschieden.
12ʰ—52ᵐ.	—	8	
1ʰ— 2ᵐ.	—	10	
1ʰ— 4ᵐ.	33	11	
12— 6ᵐ.	—	—	Injection von 1 Milligr. Muscarin; Bewegungen.
1ʰ— 9ᵐ.	—	15	R. dyspnoisch.

[1] Die Isolirung des Vagus vom Sympathicus macht bei Katzen keine Schwierigkeiten.

Zeit.	Herzschläge in 10 s.	Respirationen in ½ m.	
1ʰ—10ᵐ.	—	—	Speicheln, Kollern im Leibe, Harn- entleerung; Pupillen sehr eng.
1ʰ—12ᵐ.	—	20	R. unregelmässig, bald tief, bald oberflächlich.
1ʰ—14ᵐ.	—	49	R. sehr regelmässig, nicht sehr tief es hat sich Schleim in der Canüle angesammelt; derselbe wird entfernt und die Canüle auch fernerhin von Schleim sorgfältig frei gehalten.
1ʰ—17ᵐ.	20	60	
1ʰ—21ᵐ.	—	64	

Durch weitere Injection von 3, 6 und 10 Milligr. innerhalb 50ᵐ wird die Respirationsfrequenz auf 7 in ½ᵐ gebracht; die Zahl der Herzcontractionen auf 8—9 in 10ˢ.

XXX. Versuch. Grosse Katze (3½ Klgr.). Anordnung wie im vorigen Versuch. Unmittelbar nach der Durchschneidung der Vagi stellen sich zahllose kleine Zwerchfellcontractionen ein, die mit tieferen seltneren Athemzügen abwechseln; allmälig wird die Respiration regelmässig.

Zeit.	Herzschläge in 10 s.	Respirationen in ½ m.	
Vor d. Inject.	37	10—15	
1ʰ—50ᵐ.	—	—	Injection von 1¾ Milligr. Muscarin.
1ʰ—51ᵐ.	—	25	R. dyspnoisch, regelmässig.
1ʰ—55ᵐ.	—	34	R. regelmässig, stark dyspnoisch; Speichel- und Thränenfluss.
2ʰ— 0ᵐ.	15	31	
2ʰ— 3ᵐ.	—	39	Pupillen spaltförmig.
2ʰ—10ᵐ.	18	38	
2ʰ—13ᵐ.	18	38	
2ʰ—15½ᵐ.	—	—	Injection von 3 Milligr. Muscarin.
2ʰ—19ᵐ.	14	22	
2ʰ—20ᵐ.	15	25	
2ʰ—25ᵐ.	—	29	Pupillen verschwunden.
2ʰ—31ᵐ.	15	29	
2ʰ—32ᵐ.	—	—	Injection von 5 Milligr. Muscarin. Heftige Bewegungen; abwechselnd Stillstand der Respiration und einzelne Athemzüge.
2ʰ—34ᵐ.	14	19	Pupillen werden weiter.
2ʰ—37ᵐ.	15	4	R. sehr mühsam.
2ʰ—43ᵐ.	14	0	Stillstand der Respiration; Pupillen erweitern sich, Reflexe von der Cornea schwinden. Es wird die künstliche Respiration eingeleitet.
2ʰ—49ᵐ.	15	3	Nach dem Aufhören der künstlichen Respiration; Pupillen wieder ver- schwunden.

Zeit.	Herzschläge in 10 s.	Respirationen in 1 m.
2 h — 53 m.	—	0
3 h — 3 m.	12	7

Was die beiden andern Möglichkeiten des Zustandekommens der Dyspnoe betrifft, so ist es schwierig hier ein sicheres Urtheil zu gewinnen. Die Veränderungen, welche die Pulsfrequenz und der Blutdruck durch das Muscarin erleiden, können auf die Stromgeschwindigkeit nicht ohne erheblichen Einfluss bleiben, so dass hieraus auf einen mangelhaften Gaswechsel geschlossen und von diesem die gesteigerte Erregung des Respirationscentrums abgeleitet werden könnte. Wenn wir aber das einzige Criterium, welches uns zur Beurtheilung der quantitativen Verhältnisse des Gaswechsels unter solchen Umständen zu Gebote steht: die Farbe des arteriellen Bluts berücksichtigen, so erscheint die Abhängigkeit der Respirationsstörung von einer mangelhaften Blutlüftung unwahrscheinlich, denn zu der Zeit, in der die Athemfrequenz und die Dyspnoe den höchsten Grad erreicht haben, Pulsfrequenz und Blutdruck stark herabgesetzt sind, führen die Arterien bei lebhafter Pulsation noch ganz hellrothes Blut.

Ganz besonders aber spricht der Versuch XXVI gegen den ursächlichen Zusammenhang von Circulations- und Respirationsstörung. Hier wird die Zahl der Athemzüge auf mehr als das Doppelte gesteigert, ihr Charakter ausgesprochen dyspnoisch, ohne dass die Pulsfrequenz eine wesentliche Abweichung zeigt. Während der stärksten Dyspnoe betrug die Zahl der Pulse 90 in 1 m gegen 102 vor der Vergiftung, eine Veränderung, die ohne wesentlichen Einfluss auf die Circulation sein muss. Auch diese Verminderung ist nur ganz vorübergehend, im Durchschnitt hat die Frequenz der Herzschläge eine Zunahme erfahren.

Wenn hiernach eine Steigerung der Erregbarkeit durch das Muscarin als die wahrscheinlichste Annahme gelten muss, so bleibt das antagonistische Verhalten des Atropins dieser Wirkung gegenüber vorläufig unerklärt. Durch das Atropin lässt sich die durch Muscarin erzeugte Dyspnoe mit derselben Sicherheit zum Schwinden bringen, wie die Herabsetzung der Pulsfrequenz, und bei Thieren, die sich unter der Einwirkung schwacher Atropingaben befinden, tritt nach der Beibringung des Muscarins weder eine krankhafte Veränderung der Respi-

ration noch anderer Functionen ein. Bezold und Bloebaum [1]
fanden, dass das Atropin, durch die Venen in das rechte Herz
injicirt, bei intacten Thieren die Athemfrequenz anfangs herab-
setzt, um sie im weiteren Verlaufe über die Norm zu steigern,
dass es aber nach vorhergegangener Vagusdurchschneidung
keine Abnahme der Athemfrequenz, sondern eine sofortige und
definitive Steigerung bewirkt. Sie schliessen hieraus, dass
das Atropin zunächst die Erregbarkeit der Vagusendigungen
in der Lunge vermindert, also wie eine Vagusdurchschneidung
wirkt, und dass gleichzeitig die Erregbarkeit des respiratorischen Centrums steigt. Bezold und Bloebaum experimentirten
mit Gaben von 0,005—0,07 Grmm. Atropin. Kleinere Mengen,
1 Milligr. und darunter, die das Zustandekommen der Muscarinwirkungen vollständig verhindern, rufen, soweit unsere Erfahrungen reichen, keine nachweisbaren Veränderungen der
Athemfrequenz hervor. Wie die antagonistische Wirkung des
Atropins gegenüber der durch das Muscarin bedingten Athem-
beschleunigung zu deuten ist, müssen wir daher vorläufig unentschieden lassen. Nach v. Bezold und Bloebaum nimmt nach
Atropin mit wachsender Schnelligkeit der Athemzüge ihre Ober-
flächlichkeit zu, während sie bei der Muscarinvergiftung an
Tiefe gewinnen. Dieses Verhalten deutet darauf hin, dass
beide Stoffe nicht in derselben Weise die Beschleunigung der
Athemzüge zu Wege bringen.

Denselben Schwierigkeiten wie bei der Steigerung begegnen wir bei der Erklärung der Abnahme der Respirations-
zahlen und des schliesslichen Sistirens der Athembewegungen.
Die Unabhängigkeit dieser Erscheinungen von den Veränderungen der Circulation lässt sich ebenfalls nicht mit unab-
weisbarer Sicherheit nachweisen. Wenn man aber berücksichtigt, dass das Herz auch nach eingetretenem Respirationsstillstand noch fortführt, sich zu contrahiren (im Versuch
XXVIII 5* lang) und dass durch die künstliche Respiration
die spontanen Athembewegungen wieder hergestellt werden
können (Versuch XXX), was bei unterdrückter Circulation
nicht möglich wäre, so erscheint die Annahme einer lähmenden Wirkung des Muscarins auf das Athmungscentrum am
wahrscheinlichsten. Andererseits aber giebt es Fälle, in welchen

---

[1] a. a. O. p. 62.

das Herz kurz vor dem Eintritt des Respirationsstillstandes
sich zwar ziemlich lebhaft contrahirt, die Circulation dagegen
so bedeutend herabgesetzt ist, dass aus den angeschnittenen
Arterien kaum mehr Blut ausfliesst. Hier kann daher das Aufhören der Respiration auch von der gestörten Circulation abhängig gemacht werden.

Was schliesslich die Todesursache bei der Muscarinvergiftung betrifft, so ergiebt sich aus dem Verhalten der Circulation und Respiration, dass dieselbe eine verschiedene sein
kann, dass der Tod entweder durch Stillstand des Herzens
oder der Athembewegungen, oder endlich durch die gleich-
zeitigen allmäligen Veränderungen des Blutkreislaufs und der
Athmung herbeigeführt wird.

Letzteres findet namentlich in den langsam verlaufenden
Fällen der Vergiftung statt, während die beiden anderen Fälle
am häufigsten nach der Injection geeigneter Gaben des Giftes
in das Blut eintreten.

4. Die Wirkungen des Muscarins auf die Unterleibsorgane (Magen, Darm, Blase, Milz).

Es sind bei der allgemeinen Darstellung der Muscarinwirkung eine Reihe von Erscheinungen aufgeführt, die auf bedeutende Veränderungen der Magen- und Darmfunctionen hin-
weisen; dahin gehören das Würgen und Erbrechen, das Drängen
und die Durchfälle. Als gemeinsame Ursache aller dieser Erscheinungen liess sich eine verstärkte Bewegung des Magens
und Darmkanals schon durch die Bauchwandungen hindurch,
besonders aber nach Eröffnung der Bauchhöhle erkennen. Wenn
man nach Blosslegung der Unterleibsorgane das Muscarin direct
in das Blut injicirt, so sieht man diese Bewegungen in kürzester
Zeit sich zum heftigsten Tetanus jener Organe steigern. Man
hat genau dasselbe Bild, wie es Bauer[1] und Westermann[2]
für die Calabarvergiftung beschreiben. Die tetanische Zusammenziehung beginnt an mehreren Stellen des Darms gleichzeitig und pflanzt sich nach beiden Richtungen fort, bis der

---

[1] Centralbl. f. d. med. Wissensch. 1866. p. 577.
[2] Untersuchungen über die Wirkungen der Calabarbohne. Diss.
Dorpat. 1567.

ganze Darm ergriffen ist und dann einen starren, harten, aus
bogenförmigen Krümmungen zusammengesetzten Cylinder ohne
jegliches Lumen darstellt, der wie aus hartem, weisslichem
Wachs gegossen sich ausnimmt. Nach einigen Minuten beginnt der Krampf sich zu lösen, es tritt allmälig an Stelle
desselben eine ungemein lebhafte Peristaltik, die sich aber
durch die Unregelmässigkeit in ihrem Fortschreiten wesentlich
von der normalen unterscheidet. Dabei können einzelne Darm-
parthien noch längere Zeit hindurch contrahirt bleiben. Auch
der Magen nimmt an diesem Tetanus Theil; nur wird er nicht
wie der Darm in allen seinen Theilen ergriffen, sondern es bilden sich an einer oder mehreren Stellen quere Einschnürungen,
die den Magen rosenkranzförmig erscheinen lassen. Wie auch
Dauer bei der Calabarvergiftung zieht sich auch beim Muscarin
die Milz in bedeutendem Grade zusammen und wird hart und
höckrig. Ebenso findet eine krampfhafte Contraction der Blase
statt, die so stark ist, dass letztere einen kleinen, festen Körper
mit rauher Oberfläche und ohne Lumen darstellt. Daher erfolgt, wie früher angegeben, bei Muscarinvergiftungen, aber
nur im Beginn derselben, regelmässig eine Entleerung von
Harn, die demnach nicht auf eine Vermehrung der Harnab-
sonderung zu beziehen ist. Den Uterus haben wir nicht zu
beobachten Gelegenheit gehabt. Dieser Tetanus der Unterleibsorgane tritt in der gleichen Weise bei Katzen und Kaninchen
ein, nach mittleren Gaben von 4—5 Milligr. des schwefelsauren
Muscarins.

Wodurch wird nun der Tetanus dieser Organe bedingt?
Da an eine Abhängigkeit desselben von Circulationsstörungen,
die, wenn sie die Unterleibsgefässe betreffen, die Ursache verstärkter Darmbewegungen abgeben können, in diesem Falle
nicht zu denken ist, weil dadurch niemals ein eigentlicher
Tetanus entsteht, so handelt es sich zunächst um die Frage,
ob jene krampfhaften Contractionen durch eine Reizung der
betreffenden Organe selbst oder ausserhalb derselben liegender
nervöser Apparate bedingt seien. Es ist nicht schwer, die
locale Wirkung des Muscarins auf jene Organe nachzuweisen.
Denn der Tetanus bleibt aus, wenn man bei Compression der
Aorta zwischen den Zwerchfellschenkeln das Gift in das Blut
bringt, stellt sich aber sofort ein nach Aufhebung der Compression. Wenn man ferner ein in stärkster tetanischer Con-

traction befindliches Darmstück ausschneidet, so verharrt es in dem tetanischen Zustande und kann in demselben unmittelbar in die Todtenstarre übergehen, was nicht der Fall sein könnte, wenn es sich um eine Reizung ausserhalb der Darmwandungen liegender Nerven handelte. Aber es sind solche Beweise für die locale Wirkung des Muscarins eigentlich überflüssig, da, um mit O. Nasse[1]) zu reden, aus der Physiologie der Darmnerven bekannt ist, dass von keiner Stelle des Gehirns und Rückenmarks, die Ursprünge des Vagus ausgenommen, Bewegungen des Darmkanals von einiger Stärke erzeugt werden können, und man darf hinzufügen, auch von keiner Stelle der grossen Bauchganglien. Was aber die Darmäste des Vagus betrifft, so ist bekanntlich selbst die stärkste Reizung derselben nur im Stande, Bewegungen des Magens und Darmkanals, nicht einen Tetanus derselben hervorzurufen. Daher kann hier eine ähnliche Reizung der Vagusendigungen durch das Muscarin, wie sie im Herzen stattfindet, ausgeschlossen werden.

Es bleibt also nur noch zu entscheiden, ob die in der Darmwand gelegenen Ganglien oder die Muskelfasern selbst eine Reizung durch das Muscarin erfahren, da die (nervösen) Verbindungsglieder zwischen beiden ausser Frage bleiben müssen. Das antagonistische Verhalten des Atropins, welches sich auch dieser Wirkung des Muscarins gegenüber geltend macht, giebt über diese Frage einigen Aufschluss. Durch die mehrfach erwähnten kleinen Atropinmengen ($\frac{1}{3}$—1 Milligr.) wird einerseits der Muscarintetanus sofort aufgehoben, andererseits bei vorausgegangener Application derselben sein Eintreten vollständig verhindert. Wenn wir daher die Wirkungen des Atropins auf den Darm kennen und sie zu localisiren im Stande sind, so wird sich hieraus ein Schluss über die Veranlassung des Darmtetanus bei der Muscarinvergiftung ziehen lassen. Bezold und Bloebaum beobachteten, dass bei Kaninchen und Hunden, denen sie einige Milligr. bis 1 Decigr. Atropin durch die Vene beigebracht hatten, der Darm, die Blase, der Uterus und die Ureteren nach Eröffnung der Unterleibshöhle in „ungewohnter Ruhe daliegen", und dass es ziemlich starker mechanischer oder electrischer Reize bedarf, um eine Zusammenziehung z. B. des Dünn- oder Dickdarms zu bewirken. War

---

[1]) Beiträge zur Physiologie der Darmbewegungen. Leipzig 1866. p. 69.

die Giftmenge gering, so konnten sie durch die electrische Reizung noch Zusammenziehungen in sonst ruhenden Organen erzeugen, nach localer, etwas stärkerer Einwirkung des Giftes traten sehr bald auch auf die stärksten electrischen Reize nur sehr schwache oder keine Zusammenziehungen in den direct erregten Muskelgebilden ein.

Die Ruhe, welche in den erwähnten Organen nach schwacher Atropinvergiftung beobachtet wird, ist nach der Auffassung jener Forscher dadurch bedingt, dass das Atropin in erster Linie die gangliösen, in den Muskeln selbst gelegenen Apparate lähmt oder ihre Erregbarkeit vermindert, und dass dann die Veränderungen in diesen Ganglien sich auf die Muskeln selbst fortpflanzen, ähnlich wie das Absterben der motorischen Ganglienzelle des Rückenmarks sich auf die Muskeln fortpflanzt. Mit diesen Angaben v. Bezold's und Bloebaum's stehen die Resultate im Widerspruch, zu denen Didder und Keuchel gelangt sind. Dieselben fanden, dass bei Kaninchen und Hasen selbst ½ Stunde nach der Injection von 4—5 Milligr. Atropin die Darmbewegungen noch fortbestehen, dass sie sogar nach der Vergiftung bedeutend an Lebhaftigkeit gewinnen, wenn sie vorher schwach waren. Wenn wir durch jene kleinen Atropinmengen den Muscarintetanus zum Schwinden gebracht hatten, so fanden wir den Darm stets in vollkommener Ruhe, die Reizbarkeit war noch vorhanden, obwol in bedeutendem Grade herabgesetzt, kurz, wir hatten denselben Befund, wie ihn v. Bezold und Bloebaum beschreiben. Wir müssen daher mit diesen Forschern eine lähmende Wirkung des Atropins auf die in der Darmwand gelegenen Ganglien annehmen, weil während der Ruhe des Darms die Muskelfasern, obwol in geringerem Grade, doch noch reizbar bleiben. Dem entsprechend kann die reizende Wirkung des Muscarins nur die Ganglien, nicht aber die Muskelfasern betreffen. Dasselbe gilt dann auch für den Magen, die Milz und die Harnblase.

6. Die Wirkungen des Muscarins auf die Speichel-, Thränen- und Schleimsecretion.

Wie bereits angegeben tritt in allen Fällen bei der Muscarinvergiftung ein äusserst profuser Speichelfluss ein, der in der Regel unter allen Erscheinungen sich zuerst einstellt. So sehr auch in anderer Beziehung die Individualität der Thiere auf die Wirkungen des Muscarins von Einfluss ist, so macht die Speichelsecretion hiervon eine Ausnahme. Bei den drei von uns benutzten Säugethiergattungen ist das Verhalten derselben völlig übereinstimmend, selbst die Grösse des Thieres scheint so wenig von Einfluss, dass z. B. im Versuch XVI ⁴/₁₀ Milligr. des Giftes genügen, um bei dem 0,5 Klgr. schweren Hunde einen sehr starken, obgleich nur kurze Zeit dauernden Speichelfluss hervorzurufen, während alle übrigen Erscheinungen fehlen. Wir haben denselben niemals ausbleiben sehen, weder nach kleinen noch nach relativ grossen Gaben, welche auch auf die Intensität der Absonderung keinen merklichen Einfluss ausüben, während die Dauer derselben mit der angewendeten Giftmenge wächst. Anfangs ist die Menge des producirten Secrets am grössten, seine Consistenz am geringsten; im Verlaufe der Vergiftung wird es weniger dünnflüssig und nimmt zuletzt bei sehr verminderter Quantität eine schleimige, fadenziehende Beschaffenheit an.

Das gleichmässige Verhalten des Speichelflusses bei verschiedenen Thiergattungen, die sich den übrigen Giftwirkungen gegenüber ziemlich verschieden verhalten, macht es von vorne herein zur Gewissheit, dass dieser Einfluss auf die Speicheldrüsen unabhängig ist von den übrigen durch das Gift hervorgebrachten Veränderungen der verschiedenen Organe, namentlich des Circulationssystems, dass es sich vielmehr um eine directe, eigenthümliche Wirkung auf die Apparate handelt, von welchen die Speichelabsonderung abhängig ist. Auch dass es sich um eine Reizwirkung von Seiten des Giftes handelt, darf von vorne herein angenommen werden, schon wegen der Analogie mit den übrigen Wirkungen desselben. Bei der Erklärung dieser veränderten Secretionsverhältnisse der Speicheldrüsen handelt es sich daher nur um die Frage, wo der Sitz dieser Reizung zu suchen sei. Das Zustandekommen einer vermehrten Speichelabsonderung kann in dreifacher Weise gedacht werden, wenn wir dabei als Typus die Submaxillardrüse nehmen und vorläufig die Frage ganz ausser Acht lassen, welche Drüsen von jener Wirkung getroffen werden. 1) Kann es sich um eine Reizung der Ursprünge der Drüsennerven im Gehirn handeln, gleichgültig, ob diese direct oder auf reflectorischem Wege hervorgerufen wird; 2) kann diese Reizung die peripheren Endigungen jener Nerven in der Drüse betreffen, und 3) eine directe Einwirkung des Giftes auf das Drüsenparenchym in Frage kommen. Dass die letzte Möglichkeit die geringste Wahrscheinlichkeit für sich hat, ist leicht verständlich, da hierbei nur an eine Reizung glatter Muskelfasern gedacht werden könnte, die wir nach der Analogie mit den übrigen Wirkungen des Muscarins anzunehmen keinen Grund haben, abgesehen davon, dass eine solche Annahme nichts zur Erklärung der Speichelabsonderung beitragen würde.

Wir haben wieder in dem Atropin das Mittel, um schon a priori auf die Ursachen jener Erscheinung mit einiger Wahrscheinlichkeit zu schliessen. Das antagonistische Verhalten des Atropins ist auch in diesem Falle so ausgesprochen, dass höchstens ½—1 Milligr. hinreichend sind, um selbst bei subcutaner Application in wenigen Minuten den profusesten Speichelfluss bei der Muscarinvergiftung vollständig zu sistiren. Von jetzt ab findet nicht nur keine Speichelabsonderung mehr statt, sondern die Mundschleimhaut nimmt sogar eine auffallend trockene Beschaffenheit an, wie sie bei gesunden Thieren niemals beobachtet, wol aber von verschiedenen Forschern unter den Erscheinungen der Atropinvergiftung aufgeführt wird. Selbst grosse Mengen von Muscarin sind jetzt nicht mehr im Stande auch nur eine Spur von Speichel zu produciren. Nun ist von Keuchel[1] unter Bidder's Leitung auch die Wirkung des Atropins auf die Speicheldrüsen näher untersucht worden. Bidder und Keuchel haben gezeigt, dass der Grund jener Trockenheit der Mund- und Rachenschleimhaut bei Atropinvergiftungen, sowie das Aufhören einer reichlichen Speichelsecretion nach der Injection dieses Alkaloids, in einer Lähmung der Endigungen der Drüsennerven liege. Nachdem die wiederholte galvanische Reizung der Nerven der Submaxillardrüse an Thieren, die in der bekannten Weise vorbereitet waren, reichliche Mengen von Speichel producirt hatte, blieb dieser Erfolg vollständig aus nach der Injection von 3 Milligr. Atropin in das Blut. Das Atropin lähmt also die Endigungen der Drüsennerven ganz in derselben Weise wie die des Vagus im Herzen. Da nun dieses Gift die Wirkungen des Muscarins auf die Speichelsecretion aufhebt oder bei vorausgegangener Application

---

[1] a. a. O.

gar nicht eintreten lässt, so kann hieraus schon mit grosser
Wahrscheinlichkeit auf eine entgegengesetzte Wirkung des Mus
carins auf jene Nervenendigungen geschlossen werden; sicher-
gestellt wird dieselbe· aber erst dann, wenn auch nach der
Durchtrennung des Chordaastes der Speichelfluss durch das
Muscarin hervorgebracht und durch Atropin unterdrückt wird,
da selbstverständlich auch eine centrale Reizung der Drüsennerven durch das erstere Gift bei gelähmten Endigungen jener
Nerven ohne Wirkung bleiben muss. Der folgende Versuch
liefert den Beweis, dass die Reizung der Drüsennerven durch
das Muscarin in der That eine periphere ist, und dass alle
Speicheldrüsen, die ihr Secret in die Mundhöhle ergiessen, in
gleicher Weise diese Einwirkung erfahren.

XXXI. Versuch.[1]) Ziemlich grosser Hund, auf dem Operations-
tisch fixirt; durch Injection von 6 CCm. wässriger käuflicher Opium-
tinctur in eine kleine Halsvene nur sehr unvollkommen narkotisirt;
im Ductus submaxillaris und sublingualis Canülen eingebunden; der
Stamm des Trigeminus vor Abgang des Drüsenastes mit einem Faden
umschnürt und vor der Umschnürungsstelle durchschnitten. In beiden
Canülen findet sich etwas Speichel; ein Ausfliessen desselben findet
auch während längerer Zeit nicht statt.

11ʰ—16ᵐ.	Injection von 2 Milligr. Muscarin unter die Haut am Thorax; es tritt keine vermehrte Speichel-secretion ein.²)
11ʰ—20ᵐ.	Nochmalige Injection von 3 Milligr. unter die Bauchhaut.
11ʰ—22ᵐ.	Beginn eines ziemlich starken Ausflusses aus dem Ductus submax.
11ʰ—23—24ᵐ.	In 1ᵐ fliessen 1,75 Grmm. Speichel aus der Canüle.
11ʰ—27ᵐ.	Aus dem Ductus sublingualis fliesst in 1ᵐ höchstens ein Tropfen klaren, sehr zähen Speichels.
·11ʰ—32—33ᵐ.	Speichelmenge aus dem Ductus submax. 0,42 Grmm. in 1ᵐ.
11ʰ—35ᵐ.	Injection von 5 Milligr. Muscarin am Bauch.
11ʰ—37ᵐ.	Speichelmenge aus dem Duct. submax. 1,44 Grmm. in 1ᵐ.
11ʰ—39ᵐ.	Speichelmenge aus dem Duct. submax. 1,22 Grmm. in 1ᵐ.

---

¹) Bei der Ausführung dieses Versuchs hatten wir uns der bewährten
Leitung und Unterstützung des Herrn Prof. Bidder zu erfreuen, dem wir
dafür unseren besten Dank aussprechen.

²) Die hier verwendete Lösung des Muscarins zeigte aus uns unbe-
kannten Gründen auch in anderen Fällen auffallend schwache Wirkungen.
Das Muscarin war gesondert von dem sonst benutzten dargestellt.

11^h—40^m.   Speichelmenge aus dem Ductus sublingualis 0,15 Grmm. in 2^m; Speichel sehr zähe, vollkommen klar. Es wird der Ductus Stenonianus frei gelegt und in denselben eine Canüle eingebunden.

11^h—49^m.   Speichelmenge aus dem Ductus Stenonianus 0,7 Grmm. in 1^m; Speichel dünnflüssig, klar.

11^h—52^m.   Subcutane Injection von 2 Milligr. Atropin.

11^h—54^m.   Aus dem Ductus Stenonianus fliessen in regelmässigen Pausen in $^1\!/_2$^{m} 10 grosse Tropfen Speichel.

11^h—55^m.   Aus dem Duct. Stenon. fliesst nur 1 Tropfen in $^1\!/_2$^{m}.

12^h— 2^m.   Die Speichelabsonderung hat an allen Drüsen vollständig aufgehört.

12^h—10^m.   Die galvanische Reizung des freipräparirten Drüsennerven hat auf die Speicheldrüsen gar keinen Einfluss.

Obwol vereinzelt, genügt dieser Versuch dem oben Gesagten zufolge dennoch, um die angegebene Wirkung des Muscarins auf die Endigungen der Drüsennerven sicher zu stellen. Diese Wirkung betrifft alle drei Drüsen, denn auch bei der Parotis lässt sich an derselben nicht zweifeln trotz der erhaltenen Drüsennerven. Weitere derartige Versuche anzustellen, sowie auch in anderen Beziehungen die Absonderungsthätigkeit der Speicheldrüsen während der Muscarinwirkung eingehender zu prüfen, gestattete uns der Mangel an Material nicht. Dass 'sich von einem solchen Studium namentlich für die Physiologie der Speichelabsonderung ergebnissvolle Resultate erwarten lassen, braucht nicht weiter ausgeführt zu werden.

Mit dem Speichelfluss verbindet sich auch eine vermehrte Absonderung von Thränenflüssigkeit, die ziemlich reichlich sein kann, ohne indessen sehr lange anzuhalten. Auch hier müssen wir eine Reizung der Thränendrüsennerven als Ursache dieser Erscheinung ansehen. Versuche zur Prüfung dieser Vermuthung dürften indess vorläufig auf mancherlei Schwierigkeiten stossen.

Die Vermehrung der Schleimsecretion bei der Muscarinvergiftung, die früher gelegentlich erwähnt ist, lässt sich am deutlichsten in der Trachea wahrnehmen, während in der Mund- und Rachenhöhle diese erst nach der Verminderung des Speichelflusses zur Anschauung kommt. Es fliesst bei einiger Dauer der Vergiftung zuletzt nur eine zähe, fadenziehende Masse aus dem Maule, die als Schleim aufgefasst werden muss. Neuerdings hat Heidenhain [1]), gestützt auf die Thatsache, dass

---

[1]) Studien des physiol. Instituts zu Breslau. 4. Heft. 1884. p. 39 u. 101.

die stärkere Reizung der Speicheldrüsen eine grössere Menge Speichel von höherem Gehalt an organischen Bestandtheilen liefert, welche beim Hunde vorwiegend aus Mucin bestehen, die Behauptung ausgesprochen, dass Verstärkung der Drüsenreizung eine beschleunigte Schleimsecretion veranlasse, und dass letztere als ein direct vom Nervensystem abhängiger Vorgang angesehen werden müsse, welcher durch Einwirkung der Nerven auf die Schleimzellen zu Stande komme. Wenn wir berücksichtigen, dass das Muscarin nur auf nervöse Apparate wirkt, dass ein directer Einfluss auf parenchymatöse oder epitheliale Zellen sich nirgends nachweisen lässt, so muss man von vorne herein zu dem Schluss gelangen, dass auch die vermehrte Schleimabsonderung Folge einer durch das Muscarin gesteigerten Nervenaction sei, da auch die Veränderungen der Circulation nicht derartige sind, dass ein Zusammenhang zwischen ihnen und der Schleimproduction angenommen werden könnte. Diese Muscarinwirkung dürfte daher vielleicht als Stütze der Heidenhain'schen Ansicht angesehen werden.

6. Die Wirkungen des Muscarins auf die Iris und den Accommodationsapparat.

Das Verhalten der Iris und der Accomodation müssen gesondert in's Auge gefasst werden, da die Veränderungen derselben keineswegs Hand in Hand gehen, sondern völlig unabhängig von einander zu Stande kommen. Bei Katzen tritt ausnahmslos in allen Fällen 1—2 Minuten nach der subcutanen Application des Muscarins eine Verengerung der Pupille ein, welche sehr rasch zunimmt, und wenn 3 und mehr Milligr. injicirt wurden, schon nach 3—5 Minuten das Maximum erreicht. Alsdann erkennt man statt der Pupille nur noch einen verticalen schwarzen Streifen, welcher die sich berührenden Uvealsäume zweier gegenüberliegender Seiten des Irisrandes repräsentirt. Dieser Zustand dauert ununterbrochen je nach der Grösse der Gabe längere oder kürzere Zeit fort, um erst zugleich mit den übrigen Vergiftungssymptomen allmälig zu schwinden oder mit der eintretenden Agonie ziemlich rasch, bei plötzlich erfolgendem Tode fast momentan einem normalen Verhalten oder einer geringen Erweiterung Platz zu machen. — Die kleinsten Atropinmengen genügen, um die Verengerung

sofort aufzuheben oder nach vorhergehender Application das
Eintreten der Pupillencontraction gänzlich zu verhindern.
Bei Hunden ist die Wirkung des Muscarins keine so intensive. Nach Gaben von 5 Milligr., Hunden von mittlerer
Grösse subcutan injicirt, verengert sich zwar die Pupille bis
etwa auf die Hälfte, aber sie wird gegen Lichtreiz nicht unempfindlich; auch tritt die Wirkung erst 5 Minuten nach der
Injection ein, zu einer Zeit, in der sich schon andere Vergiftungserscheinungen geltend gemacht haben, und schwindet
auch früher als diese.

Noch schwerer gelingt es, bei Kaninchen eine Pupillenveränderung zu erzielen. Bei Gaben, welche übrigens schon
vollkommen hinreichend sein können zur Hervorrufung intensiver Vergiftungssymptome, vermisst man sehr oft jeden Einfluss auf die Pupille. Dass derselbe aber bei hinreichend
grossen Gaben sich dennoch geltend macht, beweist ein Versuch an einem mittelgrossen Kaninchen, welchem im Verlauf
von 10 Minuten in zweimaliger Gabe je 3½ Milligr. Muscarin
subcutan injicirt wurden. Nach der ersten Gabe war keine
Veränderung im Verhalten der Iris eingetreten, obgleich der
Speichelfluss, die Harnentleerung und namentlich häufige,
flüssige Darmausleerungen neben der Herabsetzung der Pulsfrequenz auf 90 Schläge in der Minute eine intensive Vergiftung documentirten. Fünf Minuten nach der Wiederholung
der Gabe trat eine Verengerung der Pupille ein, deren Durchmesser etwa auf die Hälfte reducirt wurde, während gleichzeitig die Iris unempfindlich gegen Lichtreiz erschien. Eine
halbe Stunde darauf war der Zustand noch unverändert derselbe. Das Thier erlag 3—4 Stunden später der Intoxication.

Ebenso verhält sich die menschliche Pupille. Erst bei subcutaner Application von 5 Milligr. vermochten wir eine ziemlich
unbedeutende Verengerung und träges Reagiren auf Lichtreiz
zu erzielen, während schon Gaben von 1—3 Milligr. auf die
Speichelsecretion und die Darminnervation Wirkungen äusserten.

Aehnlich wirkt das Muscarin auch bei localer Application
in den Bindehautsack. Bei Katzen vermag man vollständiges
Verschwinden der Pupillen hervorzurufen, jedoch hält dieser
Zustand nur kurze Zeit an und fordert verhältnissmässig grosse
Mengen. Beim Menschen tritt nach localer Application von
1 Milligr. keine Veränderung der Pupille ein.

In bedeutend ausgesprochenerer Weise manifestiren sich die Veränderungen im Accomodationszustand des Auges. Wir haben in dieser Richtung an Kaninchen, namentlich aber am Menschen zahlreiche Versuche angestellt.

Bei einem Myopen, dessen Fernpunkt 6 und dessen Nahepunkt 3 Zoll vom Auge sich befand, begann nach Injection von 4 Milligr. unter die Haut des Oberarmes bereits nach 6 Minuten die Wirkung auf die Accommodation und erreichte nach weiteren 10 Minuten das Maximum, auf welchem sie etwa 10 Minuten verharrte. Ein Biconcavglas von 3 Zoll Brennweite corrigirte die Myopie, welche jetzt nur einen Punkt deutlichen Sehens aufwies. Im Laufe der nächsten halben Stunde kehrte die Accommodationsbreite zurück, in welcher Zeit successive die zwischen Nr. 3 und 6 gelegenen Biconcavgläser nöthig geworden waren.

In einem zweiten derartigen Versuche, bei welchem 5 Milligr. subcutan applicirt worden waren, ging die Emmetropie im Laufe von 20 Minuten in eine M — ¹/₁₀ über, verharrte in dieser 5 Minuten und machte in 10 Minuten zurückgehend wiederum der Emmetropie Platz. [1])

Auch bei localer Application in das Auge haben wir bei wiederholter Instillation einer 1¹/₂ % Lösung die Emmetropie einer Myopie (bis ¹/₁₁) Platz machen sehen, ohne dass sich in der Pupille die geringste Abweichung nachweisen liess. Es mag noch erwähnt werden, dass in den meisten Fällen das Zurückgehen der Refractionsstörung in kürzerer Zeit erfolgte, als das Entstehen derselben.

Bei dem so eben mitgetheilten Versuch beim Kaninchen, welches eine Hypermetropie — ¹/₅ aufwies, war bald nach der Application der zweiten Gabe die Refractionsabweichung auf H — ¹/₄₉ gesunken, mithin das Auge fast emmetropisch geworden, während gleichzeitig eine stärkere Injection der Retinalgefässe, namentlich der am Sehnerveneintritt wahrnehmbaren, sich bemerklich machte.

Wir haben somit im Muscarin ein Mittel, welches in allen Fällen schon bei relativ kleinen Gaben den Brechzustand des dioptrischen Apparates ad Maximum erhöht, die Accommodations-

---

[1]) Zu diesem Versuch ist dieselbe schwach wirkende Lösung benutzt worden wie im Versuch XXXI; vergl. d. Anm. zu diesem Versuch.

breite zum Schwinden bringt nnd erst bei ctwas grösseren
Gaben Myose erzeugt. In Betreff der physiologischen Erklärung dieser Thatsachen
müssen wir zunächst, ohne die Streitfragen, welche über die
Bewegung der Iris obwalten, zu berühren, eine Lähmung des
Sympalbicus ausschliessen, denn Reizung des Halsstranges
bei vergifteten Katzen veranlasst stets rasch eintretende und
mit dem Aufhören der Reizung sofort verschwindende Erweiterung der völlig verengten Pupille. Wir werden die Erscheinung um so mehr auf eine Reizung der Oculomotorius-
endigungen im Sphincter pupillae zu beziehen haben, als die
Analogie in der Wirkungsweise des Muscarins auf andere
Nervenendigungen eine andere Deutung ausschliesst.

In ähnlicher Weise ist bekanntlich auch die Wirkung der
Calabarbohne aufzufassen. Die Analogie mit dem Physostigmin
wächst, wenn man die Wirkung auf die Linse hinzunimmt,
welche, einen Accommodationskrampf darstellend, ebenfalls von
einem reizenden Einfluss auf die Innervation des Tensor her-
zuleiten ist. Hier wie dort gehen ferner die myotische Wirkung und das Accommodationsphänomen nur neben einander,
„die Einwirkung des Mittels auf den Tensor tritt vollständig
unabhängig von den Vorgängen an der Iris auf‟ (Gräfe in
Bezug auf die Calabarbohne). Während es aber bei dem Calabarextract eines Falles von Irismangel bedurfte, um mit aller
Prägnanz diesen Nachweis zu liefern, ergiebt sich dasselbe
Resultat bei dem Muscarin von selbst, aus der verschiedenen
Wirkungsintensität desselben auf die betreffenden Theile des
Auges. Während das Physostigmin in geringer Gabe zunächst
nur die Iris und erst in grösserer auch die Accommodation beeinflusst und sich hierin dem Atropin vollkommen analog verhält, ruft das Muscarin zunächst das Accommodationsphänomen
und erst in grösserer Gabe Myose hervor. Die Unabhängigkeit des Accommodationsphänomens von den Bewegungen der
Iris beweist in evidenter Weise ein Versuch, bei welchem local
Muscarin applicirt wurde, dem eine Spur Atropin zufällig beigemischt war. Es erfolgte neben dem Accommodationskrampf,
welcher in prägnanter Weise sich manifestirte, eine mässige
Erweiterung der Pupille.[1] Dieser Versuch nimmt unser er-

---

[1] Dass die mydriatische Wirkung dem Atropin zugeschrieben werden

höhtes Interesse deshalb in Anspruch, weil wir hier den einzigen Fall haben, in welchem das Atropin bei gewisser Dosirung der Wirkung des Muscarins nicht entgegentritt. Die physiologische Erklärung ergiebt sich leicht aus der Wirkungsweise des Atropins, welches in bedeutender Verdünnung angewendet, nur auf die Iris Einfluss hat, die Accommodation dagegen erst in entsprechend concentrirterer Lösung afficirt, während, wie wir gesehen haben, das umgekehrte Verhalten dem Muscarin eigenthümlich ist. Es müssen mithin entsprechend grössere Mengen des Mydriaticums in Anwendung gezogen werden, um auch den Einfluss des Muscarins auf die Accommodation auszuschliessen.

7. Die Wirkungen des Muscarins auf das Gehirn und Rückenmark.

Erscheinungen, die auf eine directe Affection des cerebrospinalen Nervensystems bezogen werden künnten, sind bei der Muscarinvergiftung, wenigstens nach den von uns angewendeten Gaben, nicht vorhanden. Die Hinfälligkeit, die man an Säugethieren beobachtet, der schwankende Gang, der durch das Unvermögen, mit den hinteren Extremitäten kräftige Bewegungen auszuführen, bedingt wird, das schliessliche Collabiren der Thiere, die kurz vor dem Tode sich einstellenden convulsivischen Bewegungen sind nicht als Muscarinwirkungen aufzufassen, sondern auf die Veränderungen der Respiration und Circulation zurückzuführen. Auch bei Fröschen stellen sich selbst nach kleinen Mengen des Giftes Lähmungserscheinungen ein, aber erst einige Zeit nach dem Aufhören der Herzthätigkeit, während die Thiere anfänglich bis auf eine gewisse Unruhe, die auch bei Anwendung anderer Herzgifte unmittelbar nach erfolgtem Herzstillstand beobachtet wird, sich vollkommen munter zeigen, so dass auch hier die Lähmung von der unter-

muss, folgt daraus, dass die Erweiterung der Pupille erst nach 2—3 Tagen verschwand, während die Accommodationsveränderung in einer Stunde abgelaufen war. Bei gleichzeitiger Anwendung von Calabarextract und Atropin in geeigneter Dosirung existirt nach Gräfe eine Periode, in welcher die Iris die Einwirkung des Myoticums, der Tensor dagegen die des Mydriaticums verräth, ein Zustand, der durch Muscarin und Atropin wol niemals hervorgerufen werden kann. —

drückten Circulation abgeleitet werden muss. Das Muscarin
bringt schon in kleinen Gaben so starke Störungen des Blutkreislaufs und bei Säugethieren auch der Respiration hervor,
dass in Folge dessen die erwähnten Allgemeinerscheinungen
und der Tod eintreten können, während directe Veränderungen
der Gehirn- und Rückenmarkfunctionen, selbst wenn sie vorhanden sind, dadurch der Beobachtung entzogen werden. Anders scheint sich die Sache zu gestalten, wenn man die Re-
spirations- und Circulationsorgane durch das Atropin gegen
die Einwirkung des Muscarins unempfindlich macht und dann
das letztere in grösseren Mengen applicirt. In diesem Falle
scheint wenigstens beim Frosch eine directe Affection des
Centralnervensystems stattzufinden. Wir haben aus Mangel an
Material nur einen derartigen Versuch angestellt und theilen
denselben hier mit.

XXXII. Versuch. Einem kleinen Frosch, der 5ᵐ vorher
¹/₂ Milligr. Atropin erhalten hatte, werden um

5ʰ—40ᵐ. 10 Milligr. Muscarin unter die Rückenhaut injicirt.
Gleich darauf tritt Unruhe ein, nach 3—5 Minuten
werden die Bewegungen steifer, unbeholfener, der Frosch
fällt beim Hüpfen meist auf die Seite oder auf den
Rücken; durch die Brustwandungen hindurch werden
29—30 Herzschläge in ¹/₂ᵐ gezählt.

6ʰ— 5ᵐ. Das Thier fast vollständig gelähmt, führt keine frei-
willigen Bewegungen mehr aus, sondern liegt fast
regungslos da, nur einzelne Respirationsbewegungen
sind vorhanden; in den hinteren Extremitäten stellen
sich von Zeit zu Zeit einzelne schwache Zuckungen
ein; die Reflexthätigkeit ist vollkommen erhalten, sehr
schwache Reizung der Haut veranlasst sogar Hüpf-
bewegungen, während auf stärkeres Kneipen mit einer
Pincette viel weniger lebhafte Bewegungen erfolgen;
20 Herzschläge in ¹/₂ᵐ.

6ʰ—15ᵐ. Die Reflexe auf Reizung der hinteren Extremitäten
schwächer, die selbstständigen Respirationsbewegungen
noch kräftig; sonst erscheint der Frosch wie todt;
20 Herzcontractionen in ¹/₂ᵐ.

6ʰ—30ᵐ. Reflexe von den hinteren Extremitäten sehr schwach,
von den vorderen und der Cornea sehr lebhaft; nach
dem Anhören stärkerer Reizungen erfolgen einzelne
scheinbar willkürliche Bewegungen in den vorderen
Extremitäten.

6ʰ—50ᵐ. Die Reflexe erfolgen lebhafter; auch schwache selbst-
ständige Bewegungen sind vorhanden; 7 Herzschläge

in $\frac{1}{2}$ '; etwas später vermag der Frosch sogar Hüpf-
bewegungen auszuführen. — Die Beobachtung wird ab-
gebrochen; der Frosch am anderen Morgen todt gefunden.

Es tritt hier eine Lähmung der willkürlichen Bewegungen
ein, während die Centra der Reflexthätigkeit und der Respirationsbewegungen, die peripheren motorischen Nerven und
die Muskeln nicht alterirt zu werden scheinen. Es scheint
auch ziemlich rasch Erholung einzutreten, denn der später erfolgte Tod ist der Beeinträchtigung der Herzthätigkeit zuzu-
schreiben, die trotz des Atropins zu Ende der Beobachtung
auf 7 Schläge in $\frac{1}{2}$ ' gesunken ist, eine Thatsache, auf die
wir schon früher hingewiesen haben.

DRITTES CAPITEL.

Toxicologie der Giftpilze und des Muscarins.

Wenn wir es in Nachstehendem versuchen wollen, aus dem so reichlich in der Literatur angehäuften Materiale über Pilzvergiftungen im Allgemeinen das speciell auf den Fliegenschwamm Bezügliche auszuscheiden und danach sowol ein einheitliches Krankheitsbild der Fliegenschwammvergiftung, als auch die pathologisch-anatomischen Veränderungen derselben erschöpfend zusammenzufassen, um den gegenwärtigen Standpunkt unserer Kenntnisse über diesen Gegenstand kennen zu lernen, — so können wir nicht umhin, einige erläuternde Bemerkungen über die Schwierigkeiten, welche sich dieser Aufgabe entgegenstellen, voranzuschicken. Wir fühlen uns dazu um so mehr veranlasst, als wir bei der Durchsicht der Literatur zu Anschauungen gelangt sind, welche in einigen wesentlichen Punkten von denen der Autoren namhaft abweichen.

Es ist zunächst schon nicht immer leicht, alle jene Fälle, in welchen an und für sich unschädliche Schwämme scheinbar giftige Wirkungen äusserten, auszuschliessen. So geschätzt auch die Pilze als Nahrungsmittel seit den ältesten Zeiten sind, und so sehr sie es verdienen, dass ihnen in dieser Beziehung noch mehr die allgemeine Aufmerksamkeit zugewendet werde, so hat man ihnen doch von Alters her den Vorwurf schwerer Verdaulichkeit gemacht. „Wenn auch gesunden Verdauungsorganen gegenüber und in Voraussetzung grösserer Körperbewegung durch Arbeit die Pilze keineswegs als schwer verdaulich betrachtet werden können, so müssen doch Reconvalescenten und Menschen mit wenig energischen Verdauungsorganen und solche, welche ein sitzendes Leben führen, sich des Gebrauchs der Schwämme unter jeder Bedingung enthalten". Dieser Ausspruch findet seine Stütze in der Erfahrung, dass dem Genuss der Schwämme nicht selten Uebelkeit, Erbrechen, Durchfall, Cardialgien und Koliken auf dem Fusse folgten, Erscheinungen, welche eine Vergiftung zwar vortäuschen können, doch nur als Ausdruck einer Indigestion aufzufassen sind. Dass oft auch Idiosyncrasien im Spiel sein mögen, wird kaum zurückgewiesen werden können.

Es werden ferner alle jene Vergiftungsfälle, welche durch Ocmenge verschiedener giftiger Schwämme, deren Species nicht genauer bezeichnet worden ist, als nicht verwerthbar ausgeschlossen werden müssen, obgleich hierdurch oft die sorgfältigsten Beobachtungen und ausführlichsten Mittheilungen unberücksichtigt bleiben. Allerdings ist es bei der grossen Verbreitung gerade des Fliegenschwammes über ganz Europa und einen grossen Theil Asiens, und bei der das Auffinden erleichternden und namentlich Kinder zum Einsammeln verlockenden Farbe desselben schon a priori sehr wahrscheinlich, dass die meisten Pilzvergiftungen in Ländern, wo der Agaricus bulbosus nicht vorkommt, durch den Agaricus muscarius zu Stande gekommen sein mögen. Will man aber die Wirkungen eines bestimmten Schwammes behufs Feststellung pathognomonischer Merkmale und Unterschiede kennen lernen, so wird man leider auf dieses ungewöhnlich zahlreiche Material verzichten und fast die Hälfte aller in der Literatur verzeichneten Schwammvergiftungen unberücksichtigt lassen müssen. Von dem Verlangen, dass bei einer durch giftige Pilze veranlassten, für unseren Zweck verwerthbaren Krankenbeobachtung die botanische Feststellung des betreffenden Schwammes durch Sachverständige geschehen sein müsse, kann vollends nicht die Rede sein, weil man alsdann fast ausschliesslich auf zukünftige Beobachtungen angewiesen wäre. Die wenigen Fälle, in denen dieser Anforderung Genüge geschehen ist, gehören fast ausnahmslos anderen Pilzspecies an. Dass man sich unter diesen Umständen dem Vorwurf einer grösseren oder geringeren Willkür nicht immer ganz zu entziehen vermag, ist hienach verständlich und so ist es gekommen, dass ein und dieselbe Beobachtung von verschiedenen Autoren bald bei dem einen, bald bei dem anderen Giftschwamme abgehandelt wird. Man ist noch weiter gegangen, und hat nach dem Vorwiegen oder Fehlen einzelner Symptome die Intoxicationsbeobachtungen, bei welchen die giftige Pilzspecies nicht ermittelt werden konnte, zu rubriciren und verwerthbar zu machen gesucht. Dass dies nur auf Kosten der Zuverlässigkeit mancher Angaben und Schlussfolgerungen geschehen konnte, liegt auf der Hand.

Es könnte allerdings auf den ersten Blick scheinen, als dürfe man in Betreff der Anforderung, dass die giftige Pilzspecies stets durch Sachverständige festgestellt werden müsse, bei dem Fliegenschwamm eine Ausnahme statuiren, da er doch allgemein bekannt sei und auch Laien die Erkennung desselben zugemuthet werden könnte. Die Erfahrung lehrt aber, dass eine Verwechslung essbarer und giftiger Pilze, wie bei anderen schädlichen Schwämmen, so auch bei dem Fliegenschwamme schon oft verderblich geworden und in einzelnen Fällen in der That nicht leicht zu vermeiden ist.

Die grosse Aehnlichkeit vieler Pilze, giftiger sowol als essbarer, hat zur Entstehung der zahlreichen Synonyme und der Verwirrung in den Namen — dieselbe Bezeichnung wird öfters für ganz verschiedene Schwämme gebraucht, und ein Schwamm besitzt deren oft mehr als zwanzig — das Ihrige beigetragen und diese erschweren oft im höchsten Grade die Sonderung der einzelnen Beobachtungen.

Dennoch haben sich die Toxicologen dieser schwierigen Aufgabe unterzogen und danach gestrebt, Unterschiede und Kennzeichen aufzufinden, welche die einzelnen Pilzspecies aus ihren Wirkungen auf den Körper unterscheiden liessen. Ob es ihnen gelungen ist, möge vorläufig dahingestellt bleiben. Es sei hier nur bemerkt, dass aus denselben Gründen, welche uns die Verneinung jener Frage nothwendig erscheinen lassen, wir nicht umhin konnten, der Besprechung der Intoxication durch den Fliegenschwamm die durch andere giftige Schwämme folgen zu lassen.

Alle Beobachtungen, die uns aus der Literatur bekannt wurden, haben wir, so weit es möglich war, zu berücksichtigen gesucht. Leider mussten auch einzelne Vergiftungsfälle, in welchen die giftige Species nicht ganz gewiss, sondern nur mit grösster Wahrscheinlichkeit festzustellen war, in das Bereich der Besprechung gezogen werden, um über ein einigermassen ausreichendes Material verfügen zu können. Ohne all' die zahlreichen giftigen oder oft mit Unrecht verdächtigten Schwämme näher zu berücksichtigen, lag es nur in unserem Interesse, aus jeder der drei Fries'schen Gattungen, Agaricus

(Tribus Amanita), Boletus und Russula, zu welchen wahrscheinlich alle unzweifelhaft giftigen Schwämme gehören, die hauptsächlichsten Repräsentanten auszuwählen. Die Wahl musste solche Pilze treffen, deren Giftigkeit einerseits ausser Zweifel steht, und über welche andererseits ausreichende Beobachtungen vorliegen.

Vergiftungen durch die einzelnen Pilzspecies. Gattung Agaricus Tribus Amanita.

1. Agaricus muscarius L.

Synonyme. [1] Amanita muscaria Pers. — Agaricus pseudo-aurantiacus Bull. — Amanita pseudo-aurantiaca Orf.

Die ältesten einschlägigen Beobachtungen von Lösel, Vicat, Bulliard wegen Unzugänglichkeit der Originalarbeiten und Unvollständigkeit der Referate übergehend, erwähnen wir zunächst, dass Paulet, dem mehrere Vergiftungen durch Fliegenpilze bekannt geworden sind, folgende Symptome anführt (nach Orfila): Uebelkeit, Erbrechen, Ohnmachten, Beängstigungen, Prostration und Stupor, ein Gefühl von Zusammenschnürung der Kehle. Nur wenige Kranke hatten Leibschneiden. Auf Darreichung von Brechmitteln wurden die Pilze mit blutigen Massen nach oben und unten entleert und die Kranken erholten sich langsam.

Ferner verdient die Beobachtung von Vadrot [2] Erwähnung, nach welcher mehrere französische Soldaten in der Nähe von Polozk in Russland nach dem Genusse von Pilzen erkrankten; die Sammler hatten die Schwämme für die in ihrer Heimath so bekannten Kaiserpilze [3] angesehen. Nach vielen Stunden traten folgende Erscheinungen auf: Beängstigung, Erstickungs-

---

[1] Wir werden bei allen Species nur einige der hauptsächlichsten Synonyme nennen, deren Anführung namentlich bei einzelnen später zu besprechenden Arten von Wichtigkeit ist.

[2] Dissert. inaug. Paris 1814. Die Hiebergehörigkeit derselben wird angezweifelt.

[3] Die grosse Aehnlichkeit des Fliegenschwammes (franz. Agaric fausse orange) mit dem Kaiserling (Agar. caesareus Sch.) deuten die Synonyme des letzteren an: franz. Agaric oronge vrale. — Agaricus aurantiacus, — sowie die Verordnung, dass letzterer deshalb in Wien nicht zu Markte gebracht werden durfte (Hayne).

noth, brennender Durst, heftiges Leibschneiden, kleiner un-
regelmässiger Puls, kalto Schweisse, cyanotische Färbung des
Gesichts, allgemeines Zittern, Meteorismus des Bauches, sehr
übelriechende profuse Dejectionen. Die Kälte nnd Cyanose
der Extremitäten, die Delirien und die äusserst heftigen
Schmerzen dauerten ununterbrochen bis zum Tode, welcher
im Laufe der folgenden Nacht eintrat. Einige von den Vergifteten, welche Brechmittel erhalten hatten, erbrachen und
genasen.

In Krusch's Memorabilien der Heilkunde etc. findet sich
nach Lenz[1] folgende naive Schilderung einer Vergiftung:
„Ein Mädchen von 3 bis 4 Jahren ass 2 Fliegenschwämme.
Nach 4 Stunden bekam es heftige Schmerzen im Unterleibe,
es taumelte nieder und verlor das Bewusstsein. Der Unter-
leib trieb auf, der Mund schäumte. Auf reichliche Gaben von
Brechweinstein folgte kein Erbrechen. Erst als man den
Schlund mit einer Feder kitzelte, erfolgte es. Nachher wurde
Weinstein gegeben, und so war durch dieses zweckmässige
Verfahren das Kind gerettet."

Fricker berichtet nach Husemann[2], dass ein 16 Monate
altes Kind von einem rohen Fliegenpilz genossen hatte: „Sehr
rasch trat ein todesähnlicher Schlaf auf, in welchem die Pupillen erweitert, gegen Licht unempfindlich, das Gesicht auf-
gedunsen, blass, mit bläulichem Scheine um Augen, Nase und
Mund, der Puls klein und irregulär war, hier und da leichte
Zuckungen über den ganzen Körper und ein leichtes Verdrehen
der oberen Extremitäten sich einstellten."

Lenz[3] erzählt, dass eine russische Magd eine gute Portion eines eingesalzenen Fliegenschwammes verzehrte, wonach
eine zwei Tage andauernde Betäubung eintrat, bei welcher die
Pupillen doppelt so weit waren, wie gewöhnlich. Am dritten
Tage erfolgte Besserung.

Derselbe Autor berichtet, ein Thüringer Bauer habe sich
eine gute Portion Fliegenschwämme braten lassen und gegessen, „worauf er so gewaltig am Bauche aufschwoll, dass

---

[1] Die giltigen und schädlichen Schwämme. Gotha 1831. p. 30.
[2] Boudier-Husemann l. c. p. 114.
[3] Dieser sowol als der folgende Fall erscheinen wenig zuverlässig,
da Lenz dieselben brieflicher Mittheilung von Laien verdankt.

er, während er sich in einem jämmerlichen Zustand befand und immer nach Luft schnappte, noch tüchtig ausgelacht wurde."

Krombholz [1] theilt die Krankengeschichte eines 50jährigen Tagelöhners mit, welcher gegen eine ödematöse Fussgeschwulst eine Abkochung von 4 Fliegenschwämmen trank. „Bald nach dem Genusse musste er sich öfters und heftig erbrechen, hatte mehrmalige diarrhoische Sedes, klagte heftige Leibschmerzen und verfiel in einen ganz bewusstlosen Zustand, in welchem er in eine öffentliche Krankenanstalt gebracht wurde, wo er sich noch mehrmals erbrach und erst kurz vor dem Tode (am 3. Tage) auf einige Augenblicke aus der Besinnungslosigkeit gerieth. Convulsionen zeigten sich keine."

Paulet berichtet nach Husemann [2] von einer Wäscherin, welche eine Stunde nach dem Genusse der mit Oel und Zwiebeln gekochten Fliegenschwämme allgemeines Unwohlsein, Brechreiz, Ohnmachten und ein Gefühl von Constriction im Halse bekam. Aehnliche Erscheinungen boten auch drei andere Personen, welche von derselben Speise genossen hatten.

Ueber einige leichte Intoxicationen, welche in der Familie des Arztes Dufour zur Beobachtung kamen, berichtet nach Orfila [3] die Gazette de Santé vom 21. Aug. 1512: Bald nach dem Genusse der mit Butter „im eigenen Safte" gekochten Pilze, denen 2 Fliegenschwämme beigemischt gewesen waren, klagte die Magd, welche am meisten von der Speise genossen hatte, über Taumel, Schwindel, Neigung zum Erbrechen. Das Gesicht war geröthet, der Puls gross, undulirend und voll. Ein 12jähriges Mädchen bot dieselben Erscheinungen, jedoch ohne Nausea. Ein 11jähriger Knabe klagte über Taumel und „Trunkenheit". Bei zwei anderen älteren Personen waren keine Erscheinungen eingetreten.

In der neuesten Zeit wurden einige Beobachtungen in Frankreich publicirt, welche die Aufmerksamkeit besonders in Anspruch nehmen, in Folge einiger wesentlicher Abweichungen in den Symptomen. [4] Im October 1859 genossen sechs Offi-

---

[1] Naturgetreue Abbildungen und Beschreibungen der Schwämme. Prag 1831. Heft 2. p. 11.

[2] l. c. p. 118.

[3] Traité de Toxicologie. Tome II. Paris 1843. p. 519.

[4] Journal de pharm. et de chimie 39. p. 337. Auszug in Wittstein's Vierteljahrschrift für pract. Pharm. 10. p. 439.

ciere in Corte ein Gericht Fliegenpilze. Nach 6 Stunden trat
Erbrechen ein, dem sich bald Koliken hinzugesellten. Aerzt-
lich wurden Brechmittel und abführende Klystiere verordnet.
Die folgende Nacht wird schlecht zugebracht, das Erbrechen
und die Koliken dauern fort, es treten Krämpfe hinzu und
ein Gefühl von Hitze im Oberleibe. Einer wurde rationell
behandelt und genas, die übrigen wendeten verschiedene Haus-
mittel an und starben am 6. Tage nach der Vergiftung. Das
Bewusstsein behielten aber Alle bis zum Tode.

Obgleich es höchst wahrscheinlich ist, dass noch einzelne
andere Beobachtungen, wie die von Wolff, Peddie etc. hieher
zu zählen sind, so steht doch ihre Hingehörigkeit nicht völlig
sicher. Wir übergehen deshalb hier dieselben und werden sie
weiter unten nur soweit berücksichtigen, als einzelne daselbst
angeführte Symptome unser Interesse besonders in Anspruch
nehmen.

Einen in mehrfacher Beziehung grösseren Werth besitzen
die von verschiedenen Forschern an Thieren angestellten Experimente. Einen der ältesten derartigen Versuche, von Paulet
angestellt, theilt Orfila mit, welcher selbstständig mit dem Fliegenschwamm nicht experimentirt hat.

Ein Hund mittlerer Grösse erhält 3 Fliegenpilze. Nach Verlauf
von 3 Stunden tritt Zittern und Schwäche der Extremitäten ein,
welcher Zustand etwa 4 Stunden unverändert andauert und dann
einem Stupor Platz macht, in welchem die langsame und tiefe Respiration von Zeit zu Zeit durch laute Klagetöne unterbrochen wird;
bald wälzt sich das Thier auf dem Boden umher, bald wird es von
plötzlichen Zuckungen wie von electrischen Schlägen heimgesucht.
Abermals vergehen 5 bis 9 Stunden in derselben Weise, ohne dass
eine Entleerung eintritt. Eingeflösster Essig hat Verschlimmerung
aller Erscheinungen zur Folge. Das Thier genas, nachdem es nach
einer Gabe von Brechweinstein gebrochen hatte.

In Betreff der von Bulliard wie es scheint ziemlich zahlreich an Hunden und Katzen angestellten Versuche vermögen
wir nur die von Phöbus[1]) gemachte Angabe mitzutheilen, dass
alle Versuchsthiere starben, und dass nach Bulliard die Hunde
stärkere Schmerzen zu erdulden haben als Katzen.

Roques erzielte nach Phöbus hei Hunden Schwäche, Be-

---

[1]) Abbildung und Beschreibung etc. der Giftgewächse von Brandt,
Phoebus und Ratzeburg. Berlin 1835. Zweite Abtheilung. p. 25.

tReibung, Schwindel und krampfhafte Bewegungen. Ein Hund, bei welchem Erbrechen eintrat, genas. Bei einem Versuchsthier traten selbst nach grösseren Gaben keine Erscheinungen ein.

Hartwig [1] experimentirte theils mit dem Pilze selbst, theils mit dem Safte oder Abkochungen desselben an fünf Hunden und einem Schaf. Er vermochte nur theils Ekel, theils Erbrechen, bei einigen Thieren auch Traurigkeit, Beschleunigung des Pulses und Athmens, Speichelfluss etc. zu erzielen, aber spätestens nach 8 Stunden hatten sich die Thiere stets vollkommen erholt.

Moschka [2] brachte einem Kaninchen drei Stücke des Fliegenschwammes bei. Nach 2 Stunden bekam dasselbe einen schwankenden Gang, zitternde Extremitäten, es schien in einem tiefen Schlafe zu liegen, der nur durch zeitweilige Unruhe und Zuckungen der Extremitäten unterbrochen wurde. Nach 4 Stunden einige flüssige Darmentleerungen, kein Erbrechen. Nach 7 Stunden verendete das Thier ganz ruhig ohne alle Krämpfe oder Convulsionen.

Die sorgfältigsten Beobachtungen sind von Krombholz [3] angestellt worden. Derselbe experimentirte an Katzen, Hunden, Vögeln, Fröschen etc. und benutzte theils Abkochungen des Pilzes in Milch, theils den ausgepressten Saft, welche er den Thieren in den Magen führte. Zwei Mal wurden Injectionen unter die Rückenhaut vorgenommen. Die Resultate seiner Versuche sind in Kürze folgende: meist schon während des Versuchs selbst, höchstens binnen 15 Minuten traten die ersten Vergiftungserscheinungen ein. Bei kleiner Gabe wurden die Thiere traurig ihr Aussehen verrieth Missbehagen. Bei

---

[1] ibidem p. 28. Wie schon aus diesen Versuchen hervorgeht, fehlt es nicht an Erfahrungen, in welchen der Fliegenschwamm sich unschädlich zeigte. Abgesehen von den Angaben, dass das Rindvieh, dass Schafe und Eichhörnchen ihn gern fressen, ohne benachtheiligt zu werden, sind auch bei Menschen die Vergiftungserscheinungen oft ausgeblieben. Bulliard ass 2 Unzen des frischen Saftes ohne Nachtheil. Langsdorff sagt, dass derselbe Mensch oft von einem Pilze sehr stark, ein anderes Mal von 12 bis 20 Stück gar nicht angegriffen werde. Aehnliches berichten Schäffer, Hayne, Mérat und Andere.

[2] Prager Vierteljahrsschrift 1855. p. 137. „Einiges über die Vergiftung mit Schwämmen".

[3] L. c. Heft 3 p. 12.

den meisten erfolgte Erbrechen oder häufige Darmentleerungen
oder beides zugleich, worauf die Thiere binnen ½ bis 1 Stunde
sich vollkommen erholten. Bei grösseren Gaben folgten heftigere
Zufälle, am schnellsten und heftigsten nach der Einspritzung
in das Zellgewebe. — Als beständige Erscheinungen wurden
beobachtet: Unruhe, Furcht, Zittern, Schwindel, Taumel, Trunkenheit, Erweiterung der Pupille, vermindertes oder aufge-
hobenes Sehvermögen, Stumpfheit aller Sinne, schnelles und
schweres, gegen das Ende hin langsames und mühevolles
Athmen, Zuckungen der Halsmuskeln, sehr bald eintretende
Lähmung besonders des Hintertheils und der hinteren Extremitäten. Weniger beständig waren: die vermehrten und un-
willkürlichen Evacuationen (Erbrechen, Durchfall, Harnabgang)
und der Speichelfluss. Am wenigsten constant war eine der
Betäubung vorausgehende Erhöhung der Empfindlichkeit, die
Wasserscheu und der heftige Durst. — Der Tod erfolgte bei
der Katze und dem Hunde unter allgemeinen Convulsionen,
bei den meisten übrigen Thieren ruhig.

Den ersten der Krombholz'schen Versuche, an einer Katze angestellt, theilen wir etwas ausführlicher mit, theils weil die Beobachtung eine sorgfältige ist, theils weil sie mit unseren eigenen
Erfahrungen in der Hauptsache übereinstimmt. In anderthalb Pfund
Milch waren 6 Fliegenschwämme verschiedener Grösse abgekocht und
die Flüssigkeit dem Versuchsthier kaffeelöffelweise eingeflösst worden.
Nach 2½ Unzen begann das Thier unruhig zu werden, zitterte und
erbrach sich heftig zwei Mal hinter einander, worauf Wohlbefinden
eintrat. Es werden abermals 6 bis 9 Unzen eingeflösst. Schon nach
dem zwölften Löffel begann das Thier zu zittern, der Bauch schwoll
an, es entstand ein beständiges Kollern im Leibe, Aufstossen,
„Brecherlichkeiten", aber kein Erbrechen. Nachdem die ganze
Flüssigkeit eingeflösst worden war, wurde das Thier unruhig, eine
halbe Stunde darauf entleerten sich flüssige übelriechende Faeces und
Urin. Die Diarrhöe wiederholte sich unter heftigem Drange und
Klagetönen. Die Pupille sehr verengert, Der Gang wurde taumelnd
und unsicher, namentlich verrieth der Hintertheil zunehmende Schwäche,
zitterte, fiel bald auf die eine, bald auf die andere Seite und wurde
bei dem mühsamen Gange nur mehr nachgeschleppt. Das Thier
suchte zu entfliehen, stiess blindlings an Gegenstände, fiel wieder und
raffte sich wieder mit Mühe auf. Die Pupille wurde jetzt ad maximum erweitert, das Sehvermögen ging verloren, bald auch das Gehör
und das Thier verfiel in Apathie. Bald darauf versagte auch der
Vordertheil seine Dienste, es traten Zuckungen jedes einzelnen Muskels ein. „Das Thier suchte aus Angst mit weit aus einander ge-
spreizten Vorderextremitäten den Brustkorb zu erweitern." athmete

ängstlich und schnell (über 90 in der Minute), die Excremente flossen
unwillkürlich ab und abermals stellte sich mühsames Erbrechen ein.
Bei dem Versuche, dem Thiere Essig und Wasser einzuflössen, entstand Trismus, Geifer trat vor den Mund. „Auf die Wasserschen
folgte Starrkrampf in allen seinen Arten auf die auffallendste Weise".
Die Thränen- und Speichelsecretion wurden vermehrt, und ohne jeg-
liche Regung, nur durch convulsivische Bewegungen namentlich des
Vorderleibes zeitweilig unterbrochen, lag das Thier auf der Erde über
3 Stunden. Sieben Stunden nach Beginn des Experimentes begann
das Thier nach Luft zu schnappen und schien enden zu wollen;
doch mehrmals wiederholte kalte Begiessungen des Kopfes hatten
Nachlass der Erscheinungen zur Folge und am nächsten Tage er-
holte sich das Thier vollends.

Die Obductionsberichte über Vergiftungen mit dem Fliegenschwamme sind noch spärlicher als letztere selbst und nicht
minder unzuverlässig und ungenau. Wir sehen uns veranlasst,
den Wolff'schen Fall hier ebenfalls zu berücksichtigen, weil
ausser der Krombholz'schen, augenscheinlich ungenauen und
höchst dürftigen Mittheilung, bisher keine weiteren Beobachtungen vorliegen, deren Hiehergehörigkeit keinem Zweifel unter-
worfen wäre.

Bei dreien der Vadrot'schen Patienten fand man bedeutende Ansammlung fötider Gase im Magen und den Därmen,
deren Schleimhaut Zeichen der Entzündung in mehr oder weniger hohem Grade und gangränöse Flecken (Extravasate?)
bot. An einzelnen Stellen war die Mucosa des Dünndarms
zerstört. Bei der vierten Leiche fand man ausserdem die Leber
bedeutend geschwellt und die Gallenblase mit dicker dunkel-
gefärbter Galle gefüllt.

In dem Krombholz'schen Falle „führte die Section auf
sehr grosse Blutcongestionen im Rückenmarke, dem Hirne und
den Hirnhäuten, Lungen, in der rechten Herzhälfte, in der
Leber und den Nieren. Auffallend war das Strotzen des ganzen Venensystems von schwarzem, dickem Blute. Die Schleimhaut des Nahrungskanals erschien hie und da höher geröthet,
ohne Spuren von Erweichung oder Zerstörung".

Rechnet man mit Husemann den von Wolff[1]) mitgetheilten Vergiftungsfall hieher, so bereichert sich die einschlägige Literatur um
einen schätzenswerthen Sectionsbericht, ein Mädchen von 8 Jahren
betreffend, welches 12 Stunden nach dem Genusse der Pilze bereits

') Boudier-Husemann l. c. p. 126.

todt gefunden worden war. Wir entnehmen dem ausführlichen Protocoll folgende Angaben: Zahlreiche Todtenflecke, Zähne festzusammengebissen, Conjunctiva etwas entzündet, Papillen stark erweitert, Abdomen meteoristisch aufgetrieben, Sphincter ani offenstehend. In der Schädelhöhle fanden sich keine wesentlichen Veränderungen. Der Rachen, die Luft- und Speiseröhre nicht entzündet. Herz welk und schlaff, enthält rechts etwas Blut, ist links leer. Magen sehr ausgedehnt, blass; an der kleinen Curvatur ein bläulicher Fleck von einem Cent. Durchmesser. Die Tunica intima im Pylorustheil rosenroth, „von eigentlicher Entzündung indessen keine Spur", die inneren Magenwände waren blass, sehr dick, mit zähem Schleim überzogen. — Was die Todtenstarre anlangt, so haben Kussmaul und Bornträger als sehr rasch eintreten und lange anhalten sehen, während Husemann dieselbe nicht immer so deutlich fand.

Bei seinen Versuchen an Thieren fand Krombholz nach dem Tode, abgesehen von der Blutvertheilung, grössere Röthe des Schleimhautsystems (mit Ausnahme der Schleimhaut der Speiseröhre und des Magens bei der Katze), Hervorgetriebensein der Augen, Zusammengezogenheit und Leere des Darmkanals, Ueberfüllung der Gallenblase mit Gallenflüssigkeit und Klebrigkeit und Schwärze des Blutes. „Weniger constant waren: Röthung der Mundhöhle und der Speicheldrüsen; das Blut bei warmblütigen Thieren in halbgeronnenem, bei kaltblütigen in ganz flüssigem Zustande; seröse Extravasate in den Höhlen und Aufgetriebenheit des Bauches."

Versuchen wir nun zum Schlusse die einzelnen Symptome der Fliegenschwammvergiftung, wie dieselben von den Berichterstattern mitgetheilt sind, in Beziehung auf die Häufigkeit ihres Vorkommens gesondert ins Auge zu fassen, so fällt es in der That schwer, eine klare Uebersicht über die meist in den wesentlichsten Punkten sich widersprechenden Angaben zu gewinnen. Vielleicht hätten einige Differenzen ausgeglichen werden können, wenn uns statt der kurzen, ungenauen und höchst dürftigen Referate die Originalarbeiten der Autoren zu Gebote gestanden hätten.

Was zunächst die Zeit betrifft, welche zwischen dem Genuss der Pilze und dem Auftreten der ersten Vergiftungserscheinungen zu verstreichen pflegt, so gehen die Angaben ziemlich weit auseinander. Während in vielen Fällen schon nach ¼ bis ½ Stunde heftige Erscheinungen eintreten, so vergehen in anderen 6 bis 7 und mehr Stunden in ungestörtem Wohlsein. Als Mittel dürften mit Boudier 3 bis 6 Stunden anzusehen sein.

Die Vergiftungserscheinungen selbst betreffend, muss zu-

nächst hervorgehoben werden, dass kein einziges Symptom
in allen Krankenberichten constant wiederkehrt. Am meisten
muss dieses in Betreff der Gastrointestinalaffection befremden,
um so mehr, als die Reihe der Fälle, in welchen weder des
Erbrechens noch des Durchfalls Erwähnung geschieht, eine so
ungewöhnlich grosse ist, dass Husemann sich zu der Aeusserung
veranlasst sieht, „der Fliegenschwamm stelle das beträcht-
lichste Contingent zu derjenigen Form des Mycetismus, welche
man die narkotische nennt und bei welcher jede schmerzhafte
Affection des Unterleibes fehlt." Doch gerade deshalb, weil
dieser Affection in vielen Berichten überhaupt keine Erwähnung geschieht, dürften diese nicht als völlig erschöpfend angesehen werden. Ferner verdient hervorgehoben zu werden,
dass in den älteren Krankenberichten, in welchen von einem
Ausbleiben des Erbrechens und Durchfalls die Rede ist, stets
das Sensorium commune als im höchsten Grade afficirt geschildert wird, während in den aus neuester Zeit stammenden
und desshalb zuverlässigeren, unter völlig intactem Bewusstsein
verlaufenden Fällen stets das Erbrechen und der Durchfall als
die hauptsächlichsten Erscheinungen in den Vordergrund treten.
Auch Boudier stellt in seiner Charakteristik der Fliegenschwammvergiftung „die Schärfe" der Wirkung voran: wenn
auch das Erbrechen „nur bisweilen vorkommt," so sind doch
die Stuhlentleerungen „meistens blutig". Orfila beruft sich
auf Paulet, welcher stets Erbrechen und Durchfall beobachtete,
in der Regel „ohne Koliken und ohne lebhafte Schmerzen".
Ferner muss betont werden, dass bei Thieren fast ausnahmslos
die „local irritirende" Wirkung des Fliegenschwammes beobachtet wird, wie aus den oben mitgetheilten Experimenten
von Krombholz, Maschka und zum Theil auch von Hertwig
unzweifelhaft hervorgeht. Nach Lenz tritt bei Kühen nach
übermässigem Genuss von Fliegenschwämmen Meteorismus und
Durchfall ein, nach Schlegel „fielen etwa 100 Stück Ziegen
vom Genuss des Fliegenpilzes um und bekamen Blähungen".

Was vom Erbrechen und Durchfall gilt, hat zum Theil
auch für die Cardialgien und Koliken Geltung. Doch scheinen
jene auch ohne letztere nicht selten vorzukommen, und Paulet
hebt dieses, wie bereits bemerkt, ausdrücklich hervor. Wir
werden bei Vergiftungen durch andere Schwämme mehrfach
derselben Angabe begegnen. Das Fehlen der Schmerz-

6 *

Äusserungen hängt hier, wie es scheint, mit der grösseren
oder geringeren Affection des Bewusstseins zusammen.

Häufiger als die Schmerzempfindung findet sich Meteorismus in den Krankenberichten genannt und bildet sogar in
einzelnen Fällen, wenn nicht·die einzige, so doch die hervorstechendste Erscheinung. (Lenz, Schlegel.)

Bisweilen sind die profusen, sehr stinkenden und nicht
selten blutigen Durchfälle von äusserst schmerzhaften Tenesmen
begleitet. Namentlich bei Thieren hat Krombholz dieses unter
lauten Klagetönen erfolgende Drängen selten vermisst.

Auch einer „unaufhörlichen Diurese" erwähnt derselbe
Forscher bei seinen Experimenten, während in keinem der
Krankenberichte, die uns zugänglich waren, von der Entleerung
des Harnes Notiz genommen wird.

Was von der Harnentleerung gesagt wurde, gilt zum Theil
auch von der Thränen- und Speichelsecretion, welche nur
Krombholz bei seinen Versuchen an Thieren vermehrt fand.

Nicht selten geschieht des Durstes und des Gefühls von
Constriction im Halse Erwähnung. Auf letzteres Symptom
legt Boudier besonderes Gewicht zum Unterschiede von den
durch Agaricus phalloides hervorgerufenen Erscheinungen.

Sehr häufig wird die Kälte der Extremitäten, der kalte,
den ganzen Körper bedeckende Schweiss hervorgehoben, welche
in Begleitung einer cyanotischen Färbung des Gesichts um so
constanter auftreten, je schwerer die Vergiftung ist und je
näher namentlich der lethale Ausgang heranrückt.

Der Puls wird stets als klein, bisweilen als unregelmässig
und aussetzend geschildert, aber in keinem der uns zugänglichen, oben mitgetheilten Krankenberichte oder Referate derselben, geschieht der Frequenz Erwähnung. Nach Husemann
soll in der Mehrzahl der Fälle der Puls frequent sein. Bei
seinen Versuchen an Hunden fand Hertwig eine Beschleunigung
der Herzcontractionen.

Ueber die Athemfrequenz beim Menschen finden sich keine
Angaben vor. An Thieren beobachtete Krombholz bei grossen
Gaben gegen das Ende hin „langsames und mühevolles"
Athmen, dem oft eine Beschleunigung der Respiration voraus-
gegangen war.

Was das Verhalten der Pupille anlangt, so sind die Angaben darüber ziemlich dürftig. In den verhältnissmässig

seltenen Fällen, wo ihrer Erwähnung geschieht, wird sie als erweitert bezeichnet. Ebenso fand Krombholz bei seinen Experimenten die Pupille „bis zum Verschwinden der Iris" dilatirt; nur in jenem ausführlich mitgetheilten Versuch war eine Verengerung derselben vorhergegangen.

Den grössten Differenzen in den Angaben begegnet man in Betreff der Nervenerscheinungen. Während in den aus neuerer Zeit stammenden Beobachtungen ausdrücklich hervorgehoben wird, dass bei allen Kranken das Bewusstsein bis zum Tode völlig intact geblieben sei, während ferner in vielen Fällen einer Alteration desselben keine Erwähnung geschieht, dieselbe mithin als nicht vorhanden angenommen werden muss, — ist doch in vielen Krankenberichten die „Betäubung, der Stupor, das Coma" als die hervorstechendste Erscheinung in den Vordergrund gestellt. Ascherson [1] und Phöbus vergleichen deshalb die Wirkung des Fliegenschwammes mit der des Opium, und auch Husemann, welcher gestützt auf die Pupillenerweiterung, das Constrictionsgefühl im Halse, die Delirien und die Steigerung des Bewegungstriebes, die grössere Aehnlichkeit der Wirkungen mit denen der Mydriatica aus der Familie der Solaneen betont, bleibt der schon früher geäusserten Anschauung, „dass gerade die eigentliche narkotische Wirkung das Charakteristische für diesen Pilz sei," treu. Er schliesst sich hierin Vogt und Krombholz an. Ebenso sagt Boudier, „dass die furibunden Delirien dieser Species eigen zu sein scheinen." Wenn auch Convulsionen, Delirien und Coma bei Weitem nicht in allen Krankenberichten sich verzeichnet finden, so stösst man doch ausserordentlich häufig auf die Bezeichnungen „allgemeines Zittern, Schwindel, Ohnmachten, Zuckungen und convulsivische Bewegungen".

Dasselbe gilt von den an Thieren angestellten Experimenten. In den Krombholz'schen Versuchen treten Nervenzufälle und namentlich Zuckungen und Convulsionen nur bei grösseren Gaben und besonders bei Einspritzungen in das Zellgewebe ein.

Es mag hier noch erwähnt werden, dass die grosse Er-

---

[1] De fungis venenatis. Dissert. inaug. Berol. 1824. Auch Wendt (Casper's Vierteljahrschrift 1835. 7. p. 99) sagt, dass die Wirkungen des Fliegenschwammes am meisten der des Opium ähnlich sind, nur mit dem Unterschiede, dass ersterer mehr auf das Rückenmark wirkt!

schöpfung der Kranken, die Prostration der Kräfte, welche
nach den an Thieren gemachten Erfahrungen auch beim Menschen kaum fehlen dürfte, sehr selten gebührende Berücksichtigung gefunden hat. Nur Paulet hebt dieselbe (état
d'anéantissement) ausdrücklich hervor. Es ist aus mehrfachen
Gründen nicht ganz unwahrscheinlich, dass oft und namentlich
in älteren Berichten für die Ausdrücke „Betäubung, Schlaf-
trunkenheit, état do stupeur" richtiger prostratio virium zu
setzen wäre.

Die Dauer der Krankheit und die Ausgänge derselben
können sehr verschieden sein. Während namentlich in jenen
Fällen, wo freiwilliges oder künstlich hervorgerufenes Erbrechen
und Purgiren die Pilze rechtzeitig aus dem Körper entleert,
Genesung einzutreten pflegt, tritt in seltenen Fällen der lethale
Ausgang ein. Namentlich lassen die Fälle, bei welchen die
Affection des Bewusstseins gänzlich fehlt oder doch nur gering
und vorübergehend ist, eine günstige Prognose zu, wenn auch
erst nach 3 bis 6 Tagen die Genesung eintritt. Der Tod dagegen erfolgt meist rasch, im Laufe von 48 Stunden, selten
nach 5 bis 6 Tagen. Es sind einzelne Beobachtungen gemacht
worden, in welchen die Reconvalescenz 2 bis 3 Wochen in
Anspruch genommen hat.

In innigem Zusammenhange mit der Frage, ob das Bewusstsein bei der Fliegenschwammvergiftung intact bleibt oder
mehr weniger afficirt erscheint, steht die Angabe, dass der
Fliegenpilz bei einigen ostasiatischen Völkerschaften als Berauschungsmittel gilt. [1] Dieser eigenthümliche Gebrauch desselben wird so übereinstimmend von allen Beobachtern, welche
seit der ersten Hälfte des vorigen bis zum Beginne dieses
Jahrhunderts jene ostsibirischen Länder bereisten, angegeben,
dass man Ebbinghaus kaum zustimmen kann, welcher alles
oder doch einzelnes darauf Bezügliche in den Schriften jener
Autoren für erdichtet hält. Wir werden diese Angaben weiter
unten näher berücksichtigen.

---

[1] oder vielmehr: gegolten hat; denn die immer grössere Verbreitung,
welche der von den Russen jenen Völkern gebotene Branntwein auch
dort findet, hat jenes Surrogat des Alkohol stets mehr und mehr ver-
drängt.

2. Agaricus phalloides Fries.

Synonyme. Amanita bulbosa Lamarck. — Agaricus vernus D. C. Hypophyllum albo-citrinum Paul. — Amanita venenosa Pers. — Agaricus muscarius Sow.

Die Vergiftungen mit dem Knollen-Blätterpilz scheinen noch häufiger vorgekommen zu sein, als die mit dem Fliegenschwamm, theils weil bei diesem Pilze die Wirkungen intensiver zu sein pflegen, theils weil die Verwechslung mit dem allgemein geschätzten Champignon (Agaricus campester L.) so nahe gelegt ist.

Beginnen wir zunächst mit den wenigen an Thieren angestellten Experimenten.

Paulet experimentirte an Hunden, welchen er den ausgepressten Saft in der Quantität von einigen Scrupeln bis drei Drachmen verabreichte. Die Erscheinungen traten erst nach 10 bis 12 Stunden ein — nach einer halben Unze sogleich — und bestanden in Erbrechen, Durchfall (einmal blutig), heftigen Schmerzen, grosser Ermattung, Betäubung und Krämpfen, unter welchen bisweilen der Tod erfolgte.

Letellier und Speneux[1], welche zwei giftige Principien in der Amanita bulbosa annehmen, fanden bei ihren Experimenten, dass der „scharfe" Stoff krampfhafte Contractionen des Pharynx, mehrere Stunden anhaltenden Speichelfluss, profuses Erbrechen und Durchfall veranlasst, welcher letztere nicht selten blutig und von Tenesmen begleitet ist. Die durch diesen Stoff hervorgerufene initiale Entzündung des Tractus intestinalis soll die Resorption des zweiten Giftes, welches rein narkotische Wirkungen besitzt, nicht selten sehr verzögern. Dieses zweite, giftige Princip, welches sie Amanitin nennen und welches mit dem von Letellier vor 40 Jahren aus der Amanita bulbosa und der Amanita muscaria dargestellten Amanitin identisch sein soll, ruft subcutan bei Fröschen (0,1 Gramm.) und Kaninchen (1 Gramm.) oder per os bei Katzen und Kaninchen (0,5 Grmm.) applicirt, nach 10 bis 30 Minuten Abstumpfung der Sinne, namentlich des Gehörs hervor. Die Pupillen sind bald unverändert, bald contrahirt, selten erweitert,

---

[1] Expériences nouvelles sur les Champignons vénéneux etc. Paris 1866. und in Annales d'hyg. publ. Tome XXVII. 1867.

die Extremitäten hemiplegisch oder paraplegisch gelähmt, die
Respiration wird langsamer und das Thier erliegt bald im
ruhigsten Coma, bald nach schwachen und vorübergehenden
Convulsionen.

Aus neuerer Zeit stammen noch zwei Versuche von Maschka
an einem mittelgrossen Hunde und einem Kaninchen. Beiden
waren 3 Stücke der Amanita bulbosa beigebracht worden.
Ersterer „wurde nach 4 Stunden unruhig und heulte in Unter-
brechnngen. Nach 5 Stunden bekam er Würgen, Erbrechen
und einige flüssige Darmentleerungen, seine Extremitäten wurden schwach, er verkroch sich in einen Winkel und schien
schlafen zu wollen. In der 10. Stunde traten, nachdem die
Entleerungen minder häufig geworden waren und endlich gar
aufgehört hatten, Zuckungen und Convulsionen ein, nach 12
Stunden erfolgte der Tod unter Krämpfen." Aehnlich waren
die Erscheinungen bei dem Kaninchen, welches bereits nach
4 Stunden unter Convulsionen verendete.

Roques behauptet nach Phöbus, dass die kleinste Gabe
den Thieren Durchfall mache.

Weitere Versuche an Thieren liegen nicht vor. Orfila und
Phoehus berufen sich auf Paulet.

Auch bei diesem Pilze begegnen wir der Behauptung, dass
derselbe nicht giftig sei. Nach Vittadini soll er in einigen
Gegenden gegessen werden, Hertwig vermochte bei Hunden
und Schafen, Lenz bei Mäusen keine Wirkungen zu erzielen,
und auch Ascherson fand 10 Drachmen frischen Saftes bei
einem Hunde völlig unwirksam.

Um so zahlreicher sind die an Menschen gemachten Erfahrungen. Die Beobachtungen von Paulet, Bulliard, Carresi
sind uns nicht zugänglich gewesen. Ausführlich berichtet
Orfila über einige Vergiftungsfälle.

6 Personen der Familie Gaibert zeigten nach dem Genusse der
gelben Varietät (orange-ciguë jaunâtre) folgende Erscheinungen:
Uebelkeit, Erbrechen, Betäubung. Zwei Personen, bei welchen kein
Erbrechen eintrat, starben. „Alle lagen in fortwährender Betäubung."
Die ersten Vergiftungssymptome traten erst nach 10 bis 15 Stun-
den ein.

3 Personen der Familie Benoit geniessen am Abend von der
weissen Varietät. Am folgenden Tage Uebelkeit, Beängstigung,
häufige Ohnmachten, kühle Extremitäten, aufgetriebener Leib, Cyanose,
kleiner aussetzender Puls. Nach Brechmitteln tritt Entleerung ein,

doch folgt am zweiten Tage der Tod des Mannes und des Kindes „Ersterer hat in bedeutender Betäubung dagelegen." Bei der Frau war freiwillig Erbrechen eingetreten. Dieselbe klagte nur über grosse Schwäche und Beklemmungen, aber in Betreff einer Betäubung ist nichts bemerkt.

Mehr Gewicht ist auf die von Boudier [1]) citirten, von Lionnet zu Corbeil beobachteten und beschriebenen zwei Vergiftungsfälle zu legen, weil dieselben sorgfältiger angestellt und ausführlicher mitgetheilt sind.

Die Baronin Boyer und ihre Tochter, 40 resp. 20 Jahre alt, genlessen eine Mahlzeit, die ausschliesslich aus Agaricus phalloides besteht. Zwei Stunden darauf klagt die Jüngere über Schwindel, ihr sei zu Muthe, als habe sie Opium genossen. Erst am frühen Morgen des folgenden Tages stellen sich ausgesprochenere Vergiftungserscheinungen ein, Erbrechen und Durchfall mit heftigen Cardialgien und Koliken. Das Bewusstsein bleibt ungetrübt, und die Gemüthsstimmung ist eine heitere. Am Abend wird der Durst heftiger, das Erbrechen seltener, grosse Hinfälligkeit und Ohnmachten stellen sich ein. Am folgenden Tage erreicht die Prostration den höchsten Grad und hat Gleichgültigkeit gegen die Umgebung bei übrigens völlig intactem Bewusstsein bis zum Tode zur Folge. Es wird ausdrücklich hervorgehoben, dass der Puls in der letzten Zeit bedeutend an Frequenz abgenommen hatte, ohne unregelmässig zu werden. Bei der zweiten Patientin, bei welcher die Krankheit unter ähnlichen Erscheinungen lethal verlief, ist erwähnt, dass der Puls sowie der Herzschlag äusserst schwach, jedoch nicht unregelmässig gewesen seien. Ueber die Frequenz desselben, sowie über das Verhalten der Pupille ist nichts bemerkt.

Die von Maschka mitgetheilten 7 Beobachtungen stimmen mit den zuletzt angeführten nur zum Theil überein. Die Erscheinungen der Gastrointestinalaffection sind allerdings in allen Fällen vorhanden; während aber in zwei Fällen das Bewusstsein vollkommen ungestört geblieben war, hatte man bei den 5 übrigen theils Convulsionen, theils langdauernden Sopor beobachtet. Der Puls ist meist als klein und frequent bezeichnet. An zwei Kranken hat man die Pupille berücksichtigt und sie erweitert gefunden. Bei allen soll die Harnsecretion sehr spärlich gewesen sein.

Was die Leichenerscheinungen anbetrifft, so liegen zunächst die Angaben von Maschka vor. Derselbe fand in allen 7 Obductionen durchaus gleiche Veränderungen und wir ent-

---

[1]) l. c. pag. 100. Gazette des hôp. 1846. Orfila rechnet diesen Vergiftungsfall übrigens zu den durch Pilzgemenge veranlassten Intoxicationen.

nehmen dem ausführlichen Protokoll Folgendes: Keine Spur von
Todtenstarre, die Pupillen bedeutend erweitert, in den Bronchien klein-
blasiger röthlicher Schaum, das Blut in allen Gefässen und im rechten Herzen flüssig und von dunkler, kirschbrauner Farbe, die Leber
in 3 Fällen fettig degenerirt, die Gallenblase mässig gefüllt, die
Schleimhaut des Magens und Darmkanals mit dickem, zähem, röth-
lich-braun gefärbtem Schleim bedeckt. Nur in 2 Fällen fanden sich
Ecchymosen und Sugillationen am Fundus des Magens. Die Harnblase in allen Fällen so stark gefüllt, „dass sie fast bis zum Nabel
reichte". Alle parenchymatösen Organe mehr weniger hyperämisch
und von zahllosen Ecchymosen, welche meist in dem Ueberzuge ihren
Sitz haben, durchsetzt. Ebenso der Herzbeutel, sowie der seröse Ueber-
zug des Herzens. — Bei Thieren fand Maschka die gleichen Veränderungen und glaubt, dass für Vergiftung mit Schwämmen folgende
Momente als charakteristisch anzusehen wären: Gänzlicher Mangel
der Todtenstarre[1], Erweiterung der Pupillen, flüssige Beschaffenheit
des dunklen Blutes, zahlreiche Ecchymosen und Sugillationen sowol
in den serösen Häuten als parenchymatösen Organen, Ausdehnung
der mit Harn übermässig gefüllten Blase. — Gaudin hat eigentliche
Entzündung im Magen und Darmkanal vermisst, während
Boudier „die Schleimhaut des Magens leicht entzündet, mit
geringer dendritischer Affection und oftmals mit zahlreichen
Ecchymosen durchsetzt" fand. In älteren Berichten wird die
Schleimhaut des Darmtractus als „gangränös und zerstört" bezeichnet.

Analysiren wir nun die Symptome einzeln, so finden wir,
dass übereinstimmend von allen Beobachtungen nur „die Erscheinungen der Cholera" hervorgehoben werden. Girard[2]
hebt sogar hervor, dass die Beschaffenheit der Stühle selbst
die Aehnlichkeit der Erscheinungen mit denen der Cholera
erhöht. Ebenso constant sind Schmerzen: Kopfschmerz, namentlich aber Cardialgien und Koliken der heftigsten Art. Zu
den häufigsten Erscheinungen gehören ferner quälender Durst,
der nicht zu stillen ist, weil das Getränk sofort Erbrechen
hervorruft (einmal wird der Wasserschen besonders erwähnt),
kühle Haut, kalte Schweisse, Kälte und cyanotische Färbung
des Gesichtes und der Extremitäten, Meteorismus des Leibes,
Zittern des ganzen Körpers, Beängstigungen und Ohnmachten.

Fast übereinstimmend wird der späte Eintritt der Ver-

---

[1] Man vermisst leider bei Maschka die Angabe, wie viel Stunden bei
Menschen seit dem Tode bis zur Section verflossen waren. Die Obductionen der Thiere wurden 8 Stunden nach dem Tode vorgenommen.
[2] Boudler-Husemann l. c. pag. 103.

giftungserscheinungen angegeben. Nicht selten am 2. Tage,
einmal sogar am 3. Tage nach dem Genuss der Pilze zeigen
sich die ersten Erscheinungen, das Erbrechen und der Durchfall. In den meisten Fällen beträgt das Zeitintervall, in welchem sich die Personen übrigens noch vollkommen wohl befinden und in der Regel noch Mahlzeiten zu sich nehmen, 12
bis 20 Stunden. Den kürzesten Termin finden wir bei einem
Selbstversuche von Krombholtz, in welchem nach 2 Loth ge-
bratener Pilze bereits nach einer halben Stunde leises Zittern,
Schwindel und Uebelkeit, Kratzen im Munde und Schlunde
sich einstellten, nach 3 Stunden aber schon vollständig sich
verloren.

Die Pupille findet sich ziemlich selten berücksichtigt.
Geschieht ihrer Erwähnung, so wird sie meist als erweitert
bezeichnet. Nur Goudin nennt in einem seiner Fälle die Pupillen leicht contrahirt und Letellier und Speneux constatirten
bei Katzen und Kaninchen häufiger eine Verengerung als Dilatation.

Selbst die Angaben über den Puls sind ziemlich unvoll-
ständig. Zwar wird derselbe meist als ausserordentlich klein,
kaum fühlbar, der Herzschlag als sehr schwach geschildert,
doch ist die Frequenz nicht immer berücksichtigt. In den
Fällen, wo letzterer Erwähnung geschieht, wird der Puls be-
schleunigt genannt, nur bei einer der Lionnet'schen Kranken
wird bemerkt, dass er bedeutend an Frequenz abgenommen
hatte, ohne unregelmässig zu werden.

Der Athemfrequenz und der Speichelseeretion ist beim
Menschen, wie es scheint, niemals Aufmerksamkeit geschenkt
worden. Bei Thieren fanden Letellier und Speneux Verlangsamung der Respiration und Vermehrung der Speichelsecretion.

In sehr seltenen Fällen hat man icterische Hautfärbung
beobachtet, bisweilen mit Schmerzen in der Lebergegend ver-
gesellschaftet.

Die Harnentleerung scheint grosse Verschiedenheiten zu
bieten. So war bei einer der Lionnet'schen Kranken die Urin-
secretion völlig unterdrückt, während in dem andern Falle
mehrmals Harn gelassen worden war. In der Mehrzahl der
Beobachtungen wird seltene Urinentleerung (Boudier) oder fast
völlige Unterdrückung (Maschka) hervorgehoben.

Der grössten Differenz in den Angaben begegnet man

auch hier in Betreff der Frage, ob das Bewusstsein erhalten
bleibt oder nicht. Während sehr viele Berichterstatter eines
continuirlichen Stopors, oft einer Betäubung Erwähnung thun,
welche als das hervorstechendste Symptom die Scene be-
herrscht (Familie Guibert), so wird doch in andern wegen der
Präcision und Genauigkeit der Schilderung ausgezeichneten
Beobachtungen [1] (Fälle Lionnet) ausdrücklich hervorgehoben,
dass das Bewusstsein bis zum Tode völlig ungetrübt geblieben
sei. Auch Boudier sagt: „das Bewusstsein erhält sich bis der
Tod dem Leiden ein Ende macht." Dagegen wird die in
schwereren Fällen ohne Zweifel stets vorhandene grosse Hinfälligkeit und Prostration von den Berichterstattern selten
hervorgehoben, obgleich sie die Erscheinungen mit denen der
Cholera vergleichen.

In nahem Zusammenhange mit dieser Frage steht die
nach den Convulsionen, deren nicht selten Erwähnung geschieht. Dieselben werden theils als partiell, theils als allgemein geschildert; selbst Trismus und Tetanus haben Erwähnung gefunden. In der Mehrzahl der Fälle fehlen sie.

Der Ausgang in Genesung ist zwar der häufigere, doch
rechtfertigt die Statistik den üblen Ruf, in welchem der Agaricus phalloides in manchen Ländern (Frankreich) seiner Giftigkeit wegen steht. — Die Dauer der Krankheit variirt meist
beträchtlich. Am 2. Tage, aber auch am 6. pflegt der Tod
einzutreten, wenn nicht freiwilliges oder künstlich hervorgerufenes Erbrechen und Purgiren die allmählig der Resorption
unterliegenden Giftquellen aus dem Körper eliminirte.

3. Agaricus pantherinus DC.

Zu derselben Tribus „Amanitae", zu welcher die beiden
besprochenen Pilzspecies gehören, wird auch der Panther-
schwamm gezählt, welcher für uns in sofern von hervorragen-
derem Interesse ist, als wir eine hierhergehörige, ausführlich
mitgetheilte Vergiftungsbeobachtung besitzen und auch von
Kromholz mit diesem Pilze an Thieren angestellte Experimente vorliegen. Wir verweisen in Betreff der ersteren auf

---

[1] Goudal, L'Union 1852. 16. Bei 7 Personen, durch Hypohyllum albo-
citrinum Paul. vergiftet, von denen 3 starben, blieb das Bewusstsein völlig
intact.

Canst. Jahresber. 1844 Band V pag. 240 und in Betreff der letzteren auf Krombholz l. c. Heft 4 pag. 24 und führen hier nur an, dass die Erscheinungen sowol beim Menschen als auch bei Thieren mit den durch den Fliegenschwamm hervorgerufenen eine so vollständige Uebereinstimmung bieten, dass auch Husemann, welcher für die den Fliegenpilz charakterisirende und den anderen Pilzen gar nicht oder doch nur in geringerem Grade zukommende narkotische Wirkung plaidirt, die Aehnlichkeit hervorhebt, wenn auch mit dem Zusatze „mehr irritirend".

4. Gattung Boletus.   (Boletus Satanas Lenz.)

Einer der gefährlichsten Pilze ist die von Lenz Boletus Satanas genannte Abart des B. luridus. Während in Betreff der Giftigkeit des letzteren die Ansichten weit auseinander gehen und Krombholz, Badham, Husemann u. A. nachweisen, dass er in einigen Gegenden gegessen werde, stimmen alle Autoren in der Angabe über die grosse Venenosität des B. Satanas überein und die namhaftesten deutschen Mycologen sind durch den Genuss dieses Pilzes an den Rand des Grabes gebracht worden. Aber gerade diesen Erfahrungen verdanken wir die zuverlässigen Vergiftungsbeschreibungen, wie sie in den Aufzeichnungen jener Naturforscher niedergelegt sind. Leider sind auch jene Selbstbeobachtungen keineswegs vollständig und erschöpfend; allein müssen wir auch in diesen auf die besonders zu urgirenden Momente verzichten, so erhöht doch die Zuverlässigkeit ihren Werth.

Die ersten Vergiftungserscheinungen treten sehr bald, etwa 2 bis 6 Stunden nach dem Genuss des Pilzes ein und bestehen in Unwohlsein, Brennen und Kratzen im Schlunde, Schwindel und Uebelkeit. Bald gesellt sich Erbrechen hinzu, welches bisweilen ohne vorhergehende Uebelkeit und ohne Schmerzempfindung [1] leicht erfolgt und sich sehr oft wiederholt, selbst wenn der Mageninhalt schon längst entleert ist, so dass nur eine äusserst bittere Flüssigkeit herausbefördert wird. Nicht selten ist dem Erbrochenen Blut beigemischt. Die Vomituritionen werden in der Mehrzahl der Fälle von heftigem Leibschneiden begleitet, während kalte Schweisse den Körper be-

---

[1] Bei Lenz und Salamann cf. Lenz l. c. pag. 10.

decken. Darauf treten Durchfälle hinzu, von sehr heftigem
Koliken und bisweilen von Tenesmen begleitet. Auch den
Faeces ist nicht selten Blut beigemischt. Später gesellen sich
zu der Kälte der Extremitäten „äusserst schmerzhafte Krämpfe
in den Muskeln der Glieder", die Kräfte schwinden völlig, der
Puls wird sehr klein, „kaum noch bemerkbar". Nur in einem
Falle[1] ist auf die Frequenz desselben Rücksicht genommen
und bemerkt, dass der Puls „häufiger" geworden sei. Unlösch-
barer Durst, grosse Prostration und Ohnmachten werden nie
vermisst. Während aber Lenz angieht, Salzmann sei unbe-
sinnlich gewesen, — „doch war das Bewusstsein noch nicht
ganz geschwunden" — hebt Krombholz ausdrücklich hervor,
dass bei dem Prosector Bochdalek, welcher etwa „ein Quintel"
vom rohen Schwamme genossen, die intellectuellen Fähigkeiten
ungetrübt geblieben seien „nur das Sehen wurde trübe". Auch
Phöbus[2], welcher in den Erscheinungen seiner Vergiftung
„weder etwas von Narkose, noch überhaupt primäre Nervenzufälle fand", hält die Gliederkrämpfe, welche er erlitt, das
Gefühl der Kälte und die zuletzt eintretende Unbesinnlichkeit
— keineswegs Sopor, sondern nur ein Mittelzustand zwischen
Schlafen und Wachen — für abhängig von den starken Aus-
leerungen und dem dadurch nothwendig herbeigeführten ungewöhnlich raschen Collapsus der Kräfte. — Schliesslich
verfallen die Kranken in einen erquickenden Schlaf, aus dem
sie zwar äusserst erschöpft, doch mit dem deutlichen Gefühl
der Besserung erwachen und sofort in die Reconvalescenz treten, welche nur von 2 bis 3tägiger Dauer zu sein pflegt. Einmal wird bemerkt, dass erst nach 2 bis 3 Wochen die Gesund-
heit ganz wiederhergestellt war. Das Verhalten der Pupille
ist in keinem Falle berücksichtigt worden. Bei Phöbus war
die Harnsecretion nicht unterdrückt.

Sectionsberichte über Vergiftungen mit dem Satanspilze
liegen nicht vor, doch möge der von Husemann kurz wieder-
gegebene Obductionsbefund einer durch Boletus luridus vergifteten Leinweberin (delle Chiaje, Tossicologia) hier eine Stelle
finden. Man fand „Gangrän (?) der Innenfläche des Magens
mit Zerstörung der Mucosa an einzelnen Orten, Entzündung

[1] Krombholz l. c. Heft 5 pag. 14.
[2] Phöbus l. c. pag. 52.

des Dünndarms, Hyperämie der Leber, starke Füllung der Gallenblase und flüssige Beschaffenheit des dunklen Blutes".

5. Gattung Russula.

In Betreff der Gattung Russula, Täubling[1], in welcher die Verwirrung der Namen und verschiedenen, meist nach der Farbe unterschiedenen Species ihren Höhepunkt erreicht, verweisen wir auf die von Krapf an sich selbst angestellten Versuche und auf die von Devergie[2] mitgetheilte, durch den „Speiteufel" veranlasste Intoxication und berichten nur etwas ausführlicher über den der Russula foetens Fr. zugeschriebenen, von Alphons Barrelet[3] besprochenen Vergiftungsfall.

Die Symptome, welche sich im Laufe der 6 Tage anhaltenden Erscheinungen bei dem 43jährigen kräftigen Schreiner Stammer schon 2 Stunden nach dem Genusse der gebratenen „Pfefferlingen ähnlichen" Schwämme einstellten, waren folgende: Uebelkeit, Leibschmerzen, Vomituritionen, Erbrechen, Durchfall, Kälte der Extremitäten und Cyanose des Gesichts. Die Pupillen sind bald normal, bald erweitert, bald contrahirt; das fortwährende Zittern der Muskeln, bisweilen durch spastische Contractionen derselben unterbrochen, steigert sich zu allgemeinen klonischen Krämpfen, während das Bewusstsein völlig schwindet. Der Harn geht unwillkürlich ab. Der Puls, der anfänglich klein und contrahirt war und dessen Frequenz 64 betrug, wurde nach der Anwendung von Brechmitteln und Senfteigen voller, seine Frequenz stieg auf 100, um bald wiederum auf 60 zu sinken. Am 3. Tage kehrt das Bewusstsein wieder, der Kranke hört zwar gut, ist „aber völlig blind". Die Muskelkrämpfe verlieren sich allmälig, die „Todesangst und Dyspnoe" schwindet, es stellen sich 3 Tage anhaltende Hallucinationen ein. Ein Pseudoerysipel am Ellenbogen und zahllose auf dem ganzen Körper, besonders an der Scapula und dem Kreuz auftretende Furunkel verzögern die Heilung, welche etwa nach 2 bis 3 Wochen erfolgt.

Husemann bemerkt hierzu mit Recht, dass diese Krankengeschichte lebhaft an die Intoxicationen mit dem Fliegenpilz, wie die Hallucinationen an die Belladonnavergiftung erinnern.

Vergleichung der einzelnen Pilzspecies unter einander und mit dem Muscarin in Bezug auf ihre Wirkungen.

Wenn wir die soeben geschilderten Symptome der Vergiftungen durch Pilze dreier verschiedenen Gattungen einer

---

[1] Auffallender Weise wird in Prag nach Maschka die der Gattung Agaricus angehörende Amanita phalloides ebenfalls Täubling genannt.

[2] Méd. légale 2. edit. T. III. pag. 666.

[3] De venenatione per fungos nonnullos. Berol. 1849. Dissert.

vorurtheilsfreien Vergleichung unterzieben, so muss es in der That auffallend erscheinen, dass die frappante Aehnlichkeit oder vielmehr die Identität derselben bisher von Keinem der zahlreichen Autoren gebührend berücksichtigt und namentlich hervorgehoben worden ist. Vielmehr haben die Toxicologen, offenbar von der bisher durch keine Thatsache begründeten Voraussetzung ausgehend, dass den einzelnen Pilzspecies verschiedene, specifisch wirkende giftige Principien zukommen, sich bemüht, Unterschiede in der Wirkungsweise aufzufinden. Dass ihre Bemühungen nur ungenügenden Erfolg gehabt haben, dass die feinen, man möchte sagen spitzfindigen Unterscheidungsmerkmale im gegebenen Falle unzureichend sein müssen, lehrt ein Blick auf die bezüglichen Handbücher. In Folgendem wollen wir versuchen, das soeben Ausgesprochene durch Belege zu erhärten und durch Widerlegung der die einzelnen Species angeblich charakterisirenden Unterschiede in der Wirkung vielmehr die Identität aller Vergiftungen durch Pilze im höchsten Grade wahrscheinlich zu machen. Wir gelangen auch hier zu demselben Resultate, zu welchem wir bereits bei der Prüfung der bezüglichen chemischen Arbeiten gelangten und wofür wir in dem chemischen Theile unserer Arbeit den Beweis zu führen versuchten. Gewissheit kann natürlich nur der chemische Nachweis eines und desselben Alkaloides in allen giftigen Pilzen bieten.

Es ist zunächst auf das Zeitintervall aufmerksam gemacht worden, welches zwischen dem Genuss der Pilze und dem Auftreten der ersten Vergiftungserscheinungen zu verstreichen pflegt und in der That sobeinen nicht unwesentliche Differenzen in dieser Beziehung obzuwalten. Während für den Fliegenpilz im Durchschnitt 3 bis 6, nach Husemann „in der Regel" nur 1 bis 2 Stunden angegeben werden, treten bei dem Agaricus phalloides die ersten Symptome viel später, im Durchschnitt 12 bis 20 Stunden, selbst 2 Tage nach dem Genusse ein. Einerseits fehlt es nun aber an gegentheiligen Erfahrungen keineswegs — und wir verweisen in dieser Beziehung auf die Vergiftung der Offiziere zu Corte und die Vadrot'schen Fälle (7 Stunden und mehr) resp. auf die Selbstversuche von Krombholz und 2 Fälle von Maschka (¹/₂ bis 3 Stunden) — und andererseits sprechen doch diese Zahlen keineswegs gegen die Identität der Gifte beider Pilze, sondern müssen ihre Erklärung in äusseren Momenten finden. Es kann keinem Zweifel unterliegen, dass oft die Zubereitungsweise [1]) der Pilze, in anderen Fällen die Individualität des Vergifteten von wesentlichem Einfluss sein müssen. Es muss ferner als wahrscheinlich angenommen werden, dass die Venenosität eines und desselben Pilzes einer geringen Schwankung unterliegt, je nach dem Klima des Landes (Italien und Kamschatka), dem Standort [1]) und der Bodenbeschaffenheit, dem Alter [2]) des Pilzes etc. In viel höherem Grade wird diesen Momenten Rechnung zu tragen sein, wenn man die Wirkungen verschiedener Pilze unter einander vergleicht. Es kommt alsdann vielleicht noch ein wesentlicher Factor in Betracht, nämlich die verschiedene Structur verschiedener Pilze.

Nach Husemann ist „das rasche Eintreten und das Vorwalten der gastrischen Symptome für die Russulavergiftung einigermaassen charakteristisch." Auch Boudier hebt diese „auf den ersten Blick überraschende Thatsache" hervor. Wie wir soeben gesehen haben, kann das rasche Eintreten der Vergiftungserscheinungen höchstens für die Erkennung der Pilzspecies, nicht aber gegen die Identität der in ihnen enthaltenen Gifte benutzt werden. Dasselbe kann nur in anderen Momenten seinen Grund haben. Uebrigens ist das rasche Eintreten der Symptome bereits als den Fliegenpilz charakterisirend hervorgehoben worden und verliert als Unterscheidungsmerkmal somit auch aus diesem Grunde seinen Werth. Das Vorwalten der gastrischen Symptome aber haben wir bereits als Regel bei fast allen Pilzspecies kennen gelernt und können hierin keine Gründe für die Verschiedenheit der Pilzgifte erblicken.

Nach Boudier soll das Gefühl der Zusammenziehung in der Kehle das Gift des Fliegenschwammes von dem des Knollenblätterpilzes unterscheiden und die „grössere Schärfe" des ersteren beweisen. Schon Husemann tritt dieser Auslegung entgegen und führt das Symptom, welches allerdings nicht

---

[1]) Husemann fand bei Vergleichung der Krankengeschichten die Zubereitungsweise der Pilze nicht von Einfluss l. c. p. 117.

[1]) Boudier o. c. pag. 32.

[2]) Die kleineren, welche zugleich hochroth und mit vielen weisslichen Warzen bedeckt sind, sollen bei weitem narkotischer sein, als die grösseren, blassrothen und mit wenigen weissen Punkten bedeckten (Langsdorf). — Nach Anderen sollen die älteren Pilze giftiger sein.

ganz selten beobachtet wird, auf die entferntere Wirkung des
Giftes zurück, in derselben Weise, wie das Kratzen im Schlunde
bei Atropinvergiftungen vorkommt. Es ist aber das Constrictionsgefühl im Halse für den Fliegenpilz nicht charakteristisch. Der Selbstversuch von Krombholz beweist, dass es
bei der Amanita bulbosa, Fälle von Tournier [1], dass es bei den
Russulae auch vorkommt und Poulet[2]) berichtet, dass unter
den Symptomen, welche eine Boletenart (petit pain de loup
genannt) bei 4 Kindern hervorrief, „krampfhaftes Zusammen-
ziehen des Schlundes" beobachtet worden sei. Der Prosector
Bochdalek[3]) empfand ebenfalls nach dem Genusse des Boletus
Satanas ein sehr unangenehmes Brennen und Kratzen im
Schlundkopfe. Es legt somit Boudier diesem Symptom mit
Unrecht jene Bedeutung bei. Wir sehen vielmehr, dass es
bei fast allen Pilzen beobachtet worden ist und füglich dazu
benutzt werden kann, die Identität der Pilzgifte zu unterstützen.

Husemann hat die Vermuthung ausgesprochen, dass die
Abwesenheit der Todtenstarre „vielleicht" für die Vergiftung
durch den Ag. phalloides gegenüber der durch den Fliegenschwamm charakteristisch sei und stützt sich hierbei, wie es
scheint, vorwiegend auf die Angaben von Maschka, welcher in
mehreren durch jenen Pilz veranlassten Todesfällen stets dieselbe vermisste, und auf die von Kussmaul und Bornträger,
welche bei Intoxicationen durch den Fliegenschwamm immer
eine rasch eintretende und lange anhaltende Todtenstarre beobachteten. Nun hat aber Maschka, wie wir bereits an den
betreffenden Stellen mittheilten, ausser den 7 Vergiftungen bei
Menschen, zu welchen der Genuss des Ag. phalloides Veranlassung gab, auch 3 an Thieren angestellte Experimente zur
Feststellung der pathologisch-anatomischen Veränderungen
benutzt. Zwei Thiere wurden mit dem Knollenblätterpilz,
ein Thier mit dem Fliegenpilz vergiftet. Weil nun Maschka
bei den Obductionen ausnahmslos aller Fälle, sowol bei
Thieren als bei Menschen, immer die gleichen Veränderungen und namentlich Abwesenheit der Todtenstarre beobachtete, hielt er dieses Fehlen derselben für eines der Kennzei-

[1]) Boudier-Husemann l. c. pag. 135.
[2]) Ibidem pag. 157.
[3]) Krombholz l. c. pag. 15. Heft V.

eben einer Vergiftung durch schädliche Schwämme überhaupt. Somit fand er keinen Unterschied in dem Verhalten der Starre bei den beiden Pilzen. Nach unsern eigenen Erfahrungen müssen wir soweit die Frage den Fliegenpilz betrifft entschieden Kussmaul und Bornträger beitreten. In keinem Falle fehlte die Starre und mehrmals haben wir bereits unmittelbar nach dem Tode den Beginn derselben constatiren können, während wir der Dauer derselben allerdings zu wenig Aufmerksamkeit geschenkt haben. Dennoch können wir nicht umhin, die Angaben Maschka's, welche sich nach dem Vorhergehenden zum Theil auch auf den Fliegenschwamm beziehen, darauf zurückzuführen, dass die Obductionen sehr spät vorgenommen worden sind, zu einer Zeit, wo die Starre bereits geschwunden war. In diesem Umstande die Lösung des scheinbaren Widerspruchs zu suchen, erscheint uns so mehr gerechtfertigt, als Maschka es unterlassen hat, die Zeitdauer zu bezeichnen, welche seit dem Tode bis zur Obduction verstrichen war. Es ist nur bemerkt, dass die Section der Thiere 5 Stunden nach dem Tode vorgenommen wurde. Man ist berechtigt anzunehmen, dass bei den 7 Legalobductionen, welche „über Auftrag der Gerichtsbehörden" vorgenommen wurden, die seit dem Tode verstrichene Zeit eine viel längere gewesen sein wird.

Die wesentlichsten Differenzen in der Wirkungsweise verschiedener Pilze sollten die Erscheinungen Seitens des Centralnervensystems bieten. Es sollte vor Allem der Fliegenpilz es sein, der durch die Affection jener Organe von anderen Pilzen und namentlich Pilzen einer andern Gattung unterschieden sei. Uebrigens haben sich die Toxicologen nicht völlig geeinigt, welchem Pilze in dieser Beziehung der Vorrang zu lassen sei. Während z. B. Boudier den Agaricus phalloides als Typus der Stupefacientia [1] aufführt, ist nach Husemann „gerade die eigentliche narkotische Wirkung das Charakteristische für den Fliegenpilz". Wie wir bereits gesehen haben, ist allerdings in den meisten Krankengeschichten, zu welchen letzterer Pilz Veranlassung gegeben hat, von einer grösseren oder geringeren

---

[1] Boudier l. c. pag. 104. Mit dieser Aeusserung Boudiers ist die pag. 105 desselben Werkes gegebene Schilderung der Vergiftung durch den Ag. phall. schwer in Einklang zu bringen, namentlich folgender Passus: Das Bewusstsein erhält sich, bis der Tod dem Leiden ein Ende macht.

Affection des Centralnervensystems, von Alteration des Bewusstseins, von Delirien und Convulsionen, von Stupor und
Coma die Rede. Doch haben wir dieselben Symptome auch
bei allen übrigen Pilzspecies wiedergefunden, wenn auch nicht
in derselben Häufigkeit wie dort und es hat in der That den
Anschein, als ob der Gebrauch gerade des Fliegenpilzes bei
einzelnen Völkerstämmen als Berauschungsmittel den Autoren
vorgeschwebt hätte. Es dürfte hier am Platze sein, auf diesen
eigenthümlichen Gebrauch dieses Pilzes etwas näher einzugeben.

Die Reisenden[1] berichten, dass bald nach dem Genusse der
meist getrockneten und alsdann ungekaut[2] verschluckten oder mit
dem Safte von Epilobium oder Vaccinium uliginosum zur Bereitung
eines berauschenden Weines verwendeten Fliegenpilze, deren Identität mit den nnsrigen durch sorgfältige Vergleichung der von Langsdorf mitgebrachten Exemplare ausser Zweifel gestellt ist[3], — „Mun-
terkeit, Beherztheit, Lustigkeit und grosse Ausdauer bei schweren
Austrengungen" sich einzustellen pflegen. Langsdorf schildert die
Symptome der Vergiftung folgendermaassen: eine halbe Stunde, zuweilen auch ein bis zwei Stunden nach dem Genusse äussert sich
die Wirkung in Schnenhüpfen, Schwindel, Taumel und Schlaf. In
grösserer Menge genossen, entsteht bisweilen Erbrechen, welches zwar
die aufgequollenen, gallertartig veränderten Pilze entleert, den Fort-
gang der Wirkungen aber nicht hindert. Bei vielen Personen entsteht selbst bei reichlichem Genuss niemals Erbrechen. Meist werden freudige, selten traurige Gemüthsbewegungen erregt. Bei noch
grösseren Gaben entstehen Zuckungen der Extremitäten, convulsivische Bewegungen der Kopf- und Nackenmuskeln, bei übermässigem
Genuss aber wahre Convulsionen. Nicht selten wird der Missbrauch
lebensgefährlich. Nach eigener Aussage fühlen sich die in geringem
Grade intoxicirten Menschen „ausserordentlich leicht auf den Beinen
und üben Muskelkräfte aus, zu denen sie zu jeder anderen Zeit gänzlich ungeschickt sind."

Wir begegnen also auch hier im Wesentlichen denselben
Angaben, wie wir sie bereits aus den Krankenberichten schöpf-
ten. Schon aus diesen ging hervor, dass das Erbrechen bei
Vergiftungen durch den Fliegenpilz keineswegs constant sei.
Es kann nicht befremden, wenn dasselbe bei Personen, welche
sich gewohnheitsmässig dem Genuss der Pilze hingeben, noch
seltener zur Beobachtung gelangt. Dass aber bei einem ge-

---

[1] Steller, Krascheninikoff, Ermann, Langsdorf, Georgi, Falk.
[2] „Das Vorkauen derselben soll schädlich sein, indem er dadurch
Magenbeschwerden verursacht" (Langsdorf).
[3] Phoebus l. c. pag. 27.

wiss nicht ganz kleinen Procentsatz dennoch Erbrechen vorkommt, beweist, dass es sich nicht um einen specifischen Unterschied in der Wirkungsweise handelt, sondern dass lediglich
der gewohnheitsmässige Gebrauch einzelne Erscheinungen seltener hervortreten lässt.   Wir erinnern hierbei an die Analogie,
welche das Nicotin bietet.

Es dürfte hier am Platze sein, einige Erscheinungen mitzutheilen, welche beim Menschen nach der subcutanen Application von Muscarin zu Tage treten.   2 bis 3 Minuten nach
der Injection von 3 bis 5 Milligr. empfindet man (der Eine
von uns an sich) neben profusem Speichelfluss einen beträcht-
lichen Blutandrang zum Kopfe.   Gleichzeitig hiermit und mit
der Steigerung der Pulsfrequenz röthet sich das Gesicht, die
Stirne wird feucht und Anwandlungen von Schwindel stellen
sich ein.   Nach einigen weiteren Minuten hat das Schwindel-
gefühl an Intensität zugenommen, und abgesehen von der geringen Beklemmung und Beängstigung, der unter zunehmender
Salivation sich einstellenden Uebelkeit, dem Kneifen und Kollern im Leibe und dem in grossen Tropfen vom Gesicht her-
abströmenden Schweisse, welcher in geringerem Grade auch
am übrigen Körper zur Erscheinung kommt, — ist namentlich
das gestörte Sehvermögen im höchsten Grade lästig, und mag
im Verein mit dem Schwindel und „der Schwere im Kopfe"
eine entfernte Aehnlichkeit mit der Wirkungsweise des Alkohols veranlassen.   Wir besitzen darüber keine Erfahrungen,
ob grössere Dosen als die von uns in Anwendung gezogenen
beim Menschen Erscheinungen hervorrufen, welche mit dem
Alkoholrausche in ausgesprochener Weise in Parallele gesetzt
werden könnten, vermuthen aber, dass jede Vermehrung der
Dosis zunächst in Erbrechen und Durchfall sich äussern werde.

Soviel über den Gebrauch des Fliegenpilzes als Stimulans
und Berauschungsmittel, welcher lebhaft an den analogen der
Coca bei den Eingeborenen Südamerikas erinnert.   Wenn wir
auch nicht im Stande sind die Angaben jener Sibirienreisen-
den mit unseren eigenen Erfahrungen über die Wirkungsweise
des Muscarins in Einklang zu bringen, so muss doch die Möglichkeit offen bleiben, dass nach grösseren Gaben als wir in
Anwendung zogen, eine Einwirkung auf das Centralnerven-
system eintreten mag.   Aber dass diese Symptome hervortreten
können, ohne dass gleichzeitig die übrigen das Muscarin cha-

rakterisirenden Erscheinungen Platz greifen, müssen wir in
Abrede stellen. Wie schon aus der im zweiten Capitel unserer Arbeit gegebenen Schilderung der durch das Muscarin
hervorgerufenen Vergiftungserscheinungen bei Katzen, Hunden
und Kaninchen hervorgeht, vermögen wir die bezüglichen Symptome, das Zittern einzelner Muskeln, namentlich der Muskeln
des Schulterblattes, Nackens und der vorderen Extremitäten,
sowie die bisweilen sub finem beobachteten allgemeinen Convulsionen nicht auf eine Affection der Centraltheile des Nervensystems zurückzuführen, sondern lediglich auf den Einfluss,
welchen das Muscarin durch die Einwirkung auf die Circulations-
und Respirationsorgane ausübt. Wir haben bereits gesehen,
dass Phöbus, seine eigene Leidensgeschichte mittheilend, mit
aller Entschiedenheit den Sopor zurückwies und die „Apathie"
auf den ungewöhnlich raschen und bedeutenden, durch die
Entleerungen veranlassten Collapsus der Kräfte zurückführte.
Dass in den weitaus meisten Fällen, namentlich bei Berichten
aus älterer Zeit, für die Ausdrücke Coma und Sopor richtiger
Collapsus und Apathie zu setzen ist, beweist unter Anderem
der Ausspruch von Boudier [1]: „Es zeigt sich Somnolenz oder
richtiger sehr grosse Prostration"! — die Nervenerscheinungen,
welche Letellier und Speneux mit ihrem aus dem Ag. phalloides dargestellten Amanitin erzielten und welche wir bereits
an den betreffenden Stellen ausführlich mitgetheilt haben, sind,
wie schon im ersten Capitel angedeutet wurde, wol grössten-
theils durch die Kalisalze bedingt.

Was die übrigen bei Intoxicationen durch giftige Schwämme
beobachteten Symptome anlangt, so haben wir bereits gesehen,
dass dieselben theils ausnahmslos bei allen Pilzspecies in mehr
oder weniger ausgesprochenem Grade wiederkehren, theils
ohne alle Constanz von den Berichterstattern genannt werden,
so dass sich aus ihnen keinerlei Anhaltspunkte für eine Verschiedenheit der Pilzgifte ergeben. Vielmehr sind die Wider-
sprüche, welche sich mit Beziehung auf die Symptomatologie
in den Angaben der Autoren vorfinden, in vielen Fällen so
beträchtlich, dass die Zusammenstellung eines einheitlichen
Krankheitsbildes völlig illusorisch wird. In den bei Weitem
meisten Fällen wird man vergeblich nach Momenten suchen,

---

[1] l. c. pag. 104.

welche als Erklärung für die differirenden Angaben herbeigezogen werden könnten, und will man dieselben als ungenaue und falsche Beobachtungen nicht gänzlich über Bord werfen, so kann aus ihnen nur der Beweis dafür entnommen werden, dass unsere Kenntnisse über den fraglichen Gegenstand noch lange nicht zu einem gedeihlichen Abschlusse gelangt sind.

Es liegt uns nur noch ob, unsere eigenen Erfahrungen in Betreff der Wirkungen des Muscarins bei Thieren mit den von den Experimentatoren erzielten Erscheinungen zu vergleichen und mit den am Krankenbette beobachteten Symptomen in Parallele zu bringen.

Ausnahmslos in allen Fällen haben wir uns entweder der subcutanen Application des Giftes oder der directen Einspritzung desselben in das Blut bedient. Im ersterem Falle treten die Erscheinungen bereits nach ½ bis 2 Minuten, im zweiten natürlich momentan ein. Nur Krombholz hat die subcutane Application des Fliegenschwammsaftes in Anwendung gezogen und alsdann „am schnellsten und heftigsten" die Erscheinungen Platz greifen sehen. Es verdient erwähnt zu werden, dass auch bei der Application per os unmittelbar nach der Einführung des Giftes Wirkungen erzielt werden können, wenn die Form, in welcher die toxische Substanz verabreicht wird, der Resorption keine Hindernisse in den Weg legt. Paulet sah „sogleich" die Vergiftung sich manifestiren, wenn er eine halbe Unze Saft (Am. bulbosa) Hunden in den Magen brachte, während Maschka, mit dem Pilze selbst experimentirend, fünf Stunden bis zum Eintritt verstreichen sah.

Die ersten Erscheinungen, welche bei unsern Versuchen zur Beobachtung kamen, waren zugleich die constantesten: neben dem Speichelfluss das Erbrechen, das Kollern im Leibe und die Entleerung der Faeces. Dieselben Angaben finden sich bei Krombholz, Paulet und Letellier. Ersterer beobachtete auch die sofort eintretende Pupillenverengerung, scheint aber nur in einem einzigen Versuche sogleich nach der Vergiftung dem Verhalten der Iris Aufmerksamkeit geschenkt zu haben. Er hätte sonst unzweifelhaft bei Katzen stets dieselbe Beobachtung machen müssen. Im weiteren Verlaufe desselben Experimentes machte die Verengerung der Pupille einer Erweiterung Platz, völlig übereinstimmend mit unseren eigenen Erfahrungen, welche sub finem eine Dilatation derselben ergeben. Letellier und Speneux fanden an Katzen und Kaninchen experimentirend bald eine Verengerung, bald keine Veränderung der Pupille. Es wird die Angabe verständlich, wenn man berücksichtigt, dass wir bei Kaninchen kaum einen Einfluss, bei Katzen stets eine Verengerung des Sehloches constatiren konnten. Die Erweiterung, welche jene Experimentatoren in seltenen Fällen notirten, kann nur bei Katzen kurz vor dem Tode zur Beobachtung gelangt sein. Es steht nach den wenigen Versuchen, welche wir am Menschen anzustellen Gelegenheit hatten, fest, dass die Pupille des Menschen weit weniger durch das Gift alterirt wird, als die der Katzen, wenn sie auch die Unempfänglichkeit der Kanincheniris nicht erreicht. Demgemäss sind die Krankenberichte, in welchen einer Pupillenverengerung Erwähnung geschieht, im Ganzen ziemlich selten. Hierher gehören 2 Fälle von Peddie, Fälle von Goudin, Harrelet u. A. Jedenfalls geht soviel aus unsern Erfahrungen hervor, dass erst bei grösseren Gaben die Pupillenverengerung hervortritt und dass ferner bei dem Nachlass der Erscheinungen zunächst die Pupille zur Norm zurückkehrt, zu einer Zeit, wo das Gift noch seinen vollen Einfluss auf die Accommodation geltend macht. Wenn es daher nach Vorstehendem nicht unwahrscheinlich ist, dass die Pupillenverengerung bei dem Menschen gegenüber der bei Katzen eine nur kurze Zeit dauernde ist, so kann es um so weniger auffallen, wenn die Erscheinung den Beobachtern entging. Dagegen ist das gestörte Sehvermögen ungleich häufiger von den Berichterstattern hervorgehoben worden und correspondirt mit unsern Beobachtungen.

Dass von den meisten Autoren eine Pulssteigerung constatirt worden ist, wird nach unseren Erfahrungen bei Menschen und Hunden verständlich erscheinen. Dagegen ist die im weiteren Verlaufe einer intensiveren Vergiftung hervortretende Verlangsamung nur in seltenen Fällen bemerkt worden (Lionnet, Peddie, Barrelet). Unregelmässigkeit im Rhythmus der Herzcontractionen wird von einigen Schriftstellern genannt (Orfila, Fricker, Peddie), während Andere selbst bei beträchtlicher Herabsetzung der Frequenz keine Abweichung in dieser Beziehung constatiren konnten. Wir schliessen uns letzteren an.

Höchst auffällig ist die Angabe Maschka's, dass fast völlige Unterdrückung der Harnsecretion resp. Füllung der Blase

charakteristisch für die Pilzvergiftung sei. Einerseits fehlt es an
gegentheiligen Erfahrungen bei Menschen keineswegs, andererseits haben wir bei unseren Versuchen an Thieren nie Harnver-
haltung, aber auch nicht wie Krombholz „unaufhörliche Diurese"
zu beobachten Gelegenheit gehabt. Es fehlt bisher an Erfahrungen, wie die Urinentleerung sich in den Fällen gestaltet, wo
bereits 5 bis 6 Tage seit der Vergiftung verflossen sind und
die Kranken mehr der Erschöpfung als dem Einflusse des
Giftes unterliegen. Bei einem Kaninchen, welches, durch 7
Milligramm vergiftet, während der heftigsten Erscheinungen
auch mehrmals den Harn entleert hatte und viele Stunden
später zu Grunde ging, ergab die Section eine ausgedehnte,
aber schlaffe und leere Blase.

Der Vermehrung der Speichel- und Thränensecretion geschieht in keiner der uns zugänglichen Krankengeschichten
Erwähnung, ein Umstand, der um so mehr auffallen muss und
die Ungenauigkeit der Beobachtungen documentirt, als von vielen Forschern bei Thieren eine profuse Salivation hervorgehoben wird. Dass sie auch beim Menschen zu den ersten und
constantesten Erscheinungen gehört und sich noch dann bemerklich macht, wenn alle übrigen Functionen, mit Ausnahme
der Sehstörung, fast zur Norm zurückgekehrt sind, geht aus
4 von uns angestellten Versuchen auf das Bestimmteste
hervor.

Was schliesslich die Leichenerscheinungen anlangt, so
haben wir bereits eine sehr rasch eintretende und stark aus-
gebildete Starre in Uebereinstimmung mit Kussmaul und Bornträger kennen gelernt. Weniger constant sind die übrigen
Erscheinungen. In den meisten Fällen allerdings findet man
Veränderungen auf der Schleimhaut des Digestionskanales.
Diese erscheint stark geröthet, aufgelockert, mit zähem, bisweilen blutigem Schleime überzogen. Die Stellen, an welchen
die Röthung und dendritische Injection am intensivsten zu sein
pflegen, wie der Fundus des Magens, das Duodenum und der
Theil des Ileums, welcher unmittelbar vor dem Coecum liegt,
sind nicht selten von so dicht stehenden Ecchymosen, bisweilen
grösseren Extravasationen durchsetzt [1], dass die ganze Schleim-

---

[1] Die in älteren Berichten sich findenden Ausdrücke: gangränöse
Flecken, Gangrän der Schleimhaut, sphacele des intestins sind ohne Zwei-

haut dunkel gefleckt erscheint. Im Darm finden sich die Ecchymosen am zahlreichsten an der dem Mesenterium abgewen-
deten Seite, während die dieser gegenüberliegende nur wenig
Blutaustretungen aufweist. In anderen Fällen aber ist der
Sectionsbefund, wie in den übrigen Theilen, so auch im Darm
ein durchaus negativer; die Schleimhaut erscheint sogar auffallend blass. Es muss aber hervorgehoben werden, dass die
Blässe der Schleimhaut keineswegs in allen Fällen eine während des Lebens vorhanden gewesene Affection derselben ausschliesst, weil die Röthung und Injection sich nicht selten im
Tode verliert. Damit steht die Beobachtung im Einklang, dass
man bisweilen neben der. Blässe zahlreiche Eecchymosen gefunden hat. In solchen Fällen muss dem übrigen Verhalten
der Mucosa, einer Auflockerung und Succulenz derselben etc.
besondere Beachtung geschenkt werden. — Das Lumen des
Darmes ist, wenn der Tod kurze Zeit nach der Vergiftung erfolgt und die Section bald nach dem Tode vorgenommen wird,
verengt, ebenso die Blase contrahirt, leer und blass, während
unter den entgegengesetzten Bedingungen sowol der Darm als
auch die Blase nicht selten ausgedehnt, leer und schlaff erscheinen. Die Pupillen, deren Erweiterung bereits im Leben
ihren Anfang nimmt, sind in allen Fällen von normaler Weite,
in seltenen Fällen etwas erweitert; es muss daher auffallend
erscheinen, wenn die medicinische Gesellschaft zu Bordeaux
in ihrem Berichte (Juni 1869. Orfila) unter den Leichenerscheinungen, welche nach Pilzvergiftungen zur Beobachtung gelangen, eine Verengerung derselben anführt. Eine Schwellung
und Hyperämie der Leber, welche übereinstimmend von fast
allen Beobachtern genannt wird, haben wir nicht constatiren
können, während die Gallenblase auch bei unseren Versuchen
meist strotzend gefüllt erschien (wol in Folge der Stauung,
welche der Tetanus des Darmes und die Affection der Schleimhaut veranlasst). Niemals haben wir, wie Maschka gesehen
hat, in den Pleuren, dem Endocardium und Pericardium, oder
den serösen Häuten der parenchymatösen Organe Ecchymosen
finden können.

---

fei in den meisten Fällen auf Ecchymosen und Sugillationen zurückzuführen.

Behandlung der Muscarin- und Pilzvergiftung; Antagonismus zwischen den Wirkungen des Muscarins und kleiner Atropinmengen.

Die Therapie einer Vergiftung durch den Fliegenschwamm sowie durch schädliche Pilze überhaupt hat von folgenden Thatsachen auszugehen. Die Erfahrung lehrt zunächst, dass die Pilze sehr schwer und langsam der Verdauung anheimfallen. Man hat 2 Tage nach dem Genusse des Pilzes in den Faeces Pilzreste nachgewiesen, und sehr zahlreich sind die Beobachtungen, nach welchen noch am 2. und 3. Tage, in einem Falle [1] gar nach 6 Tagen, nur wenig veränderte Stücke von Pilzen erbrochen wurden. Die Behandlung der Pilzvergiftung hat somit Entleerung des Genossenen durch Brechen und Purgiren zu erstreben, um der Causalindication zu genügen, und das um so mehr, als noch in späten Stadien ein günstiger Erfolg zu erwarten steht. Dass bei den verschiedenen Pilzspecies die Zeitdauer, in welcher noch Brech- und Abführmittel indicirt sind, eine verschiedene sein wird, ist nach den vorliegenden Krankenbeobachtungen sehr wahrscheinlich. Die Wahl der Emetica kann keine ganz gleichgültige sein und verdient um so mehr Beachtung, als in manchen Fällen (wie es scheint am häufigsten bei dem Fliegenschwamm) das spontane Erbrechen gänzlich ausbleibt und alsdann dasselbe künstlich hervorzurufen nur schwer gelingt. Bei der Fürstin Conti waren 27, bei zwei der von Wolff beobachteten Kranken gar 36 Gran Brechweinstein vergeblich eingeflösst worden [2]! Es verdient darum erwähnt zu werden, dass nicht selten mechanische Mittel, wie Berührung der Fauces mit in Oel getauchten Federn, Druck auf den Unterleib doch noch von Erfolg begleitet gewesen sind. Von Peddie ist in mehreren Fällen die Magenpumpe mit Erfolg angewendet worden.

Was die Antidote anlangt, so galten früher einige organische Säuren, wie Essig und Citronensaft (noch in neuester Zeit von Devergie empfohlen) als Gegenmittel. Schon von

---

[1] Orfila, Toxicologie pag. 517.
[2] Ohne Zweifel wird man die Ursache des ausbleibenden Erbrechens in dem Krampfe zu suchen haben, der sich auch in der Cardia und dem Oesophagus geltend macht.

Paulet und später von Orfila wurde angegeben, dass jene Stoffe die Lösung der toxischen Substanz erleichtern. Auch eine Kochsalzlösung galt früher als Gegenmittel. Die Empfehlung des Jodjodkalium zu diesem Zwecke von Boudier muss nach dem Verhalten des Muscarins gegen jene Verbindung als eine gänzlich verfehlte bezeichnet werden. Ebensowenig kann die Gerbsäure in concentrirter Lösung, noch in neuester Zeit von Letellier und Speneux als einziges Mittel, welches Erfolg verspricht, empfohlen [1], in Anwendung gezogen werden, wie aus dem im chemischen Theile unserer Arbeit beschriebenen Verhalten des Muscarins gegen Gerbsäure hervorgeht.

Durch die Anwendung des Atropins dürfen wir alle oben genannten Mittel, welche ohnehin keinen Erfolg versprechen, als gänzlich beseitigt ansehen. Von den zahlreichen Versuchen, welche wir zum Theil mit Rücksicht auf diese Frage angestellt haben, theilen wir einen ausführlicher mit, weil aus demselben zur Evidenz hervorgeht, dass das Atropin selbst in den spätesten Stadien, man möchte sagen in der Agonie noch von eclatantem Erfolge sein kann. Die Wirkung bleibt eben nur dann aus, wenn die Circulation und Respiration dem Verlöschen nahe sind.

XXXIII. Versuch. Fortsetzung des Versuchs XVIII. Der Hund war durch Injection von 11 Milligr. Muscarin vergiftet worden. Im Laufe von 6 Minuten war die Pulsfrequenz von 50 in einer halben Minute auf 5 gesunken; die Respirationsbewegungen sehr schwach und selten; das Thier liegt regungslos auf der Seite; Pupillen etwas verengt; Zittern in verschiedenen Muskeln; die Agonie beginnt.

12^h 20^m subcut. Injection von etwa 2 Mllgr. Atropin.

22^m Die Herzthätigkeit ist bis auf 2 bis 3 Schläge in der Minute gesunken, die Respiration fast erloschen; nur von Zeit zu Zeit erfolgt eine schwache Inspiration.

24^m. Die Pulsfrequenz ist auf 49 in einer halben Minute gestiegen, der Herzstoss ziemlich kräftig.

25^m. Einzelne tiefe Respirationsbewegungen erfolgen. Das Thier fängt an Bewusstsein zu zeigen; bei Bewegungen der Finger gegen das Auge hin, dessen Pupillen beträcht-

---

[1] Die genannten Autoren stützen sich hierbei theils auf ihre eigenen chemischen Arbeiten, theils auf Erfahrungen an Thieren. Chansarec brachte Hunden den frischen Pilzsaft in den Magen und beobachtete stets Vergiftungserscheinungen, welche gänzlich ausgeblieben sein sollen, wenn unmittelbar danach eine concentrirte Tanninlösung in den Magen injicirt wurde. Schm. Jahrb. 1840, 17.

lich erweitert sind, schliesst das Thier die Lider. Der Speichelfluss hat sich gänzlich verloren, ebenso der Durchfall.

12ʰ 27ᵐ. Puls 65 in der halben Minute. Pupillen enorm erweitert, das Bewusstsein völlig wiederhergestellt, das Thier fixirt und folgt mit dem Bulbus stetig den Bewegungen seiner Beobachter. Aeusserste Erschöpfung. 3 tiefe Respirationen in einer Minute.

31ᵐ. Puls 76. Das Thier versucht Bewegungen auszuführen.

33ᵐ. In einer Minute 4 bis 5 regelmässige, sehr tiefe Respirationen. Erhebt man das Thier, so vermag es kaum zu sitzen, sondern sinkt allmälig in die Bauchlage zurück, doch wird der Kopf erhoben gehalten.

40ᵐ. Die Pupillen ad maximum erweitert. Das Thier vermag zu gehen, obgleich es noch sehr schwach auf den Füssen ist und der Gang taumelnd erscheint.

42ᵐ. Puls 80. Der Gang wird fester.

45ᵐ. Der Gang noch sicherer. Das Thier geht fortwährend umher, obgleich etwas schwankend; es wimselt viel.

Nach weiteren 4 Stunden war, abgesehen von der Pupillenerweiterung, keine Spur eines Krankseins an dem Thiere zu bemerken; es lief munter im Zimmer umher und diente 2 Tage später zum Versuche XIX.

Der Katze, welche zu Versuch XIII gedient hatte und welche bei einer Pulsfrequenz von 10 Schlägen in 10 Secunden nicht mehr im Stande war sich aus der Seitenlage, in welche sie gebracht wurde, aufzurichten, wurde um 5 Uhr 49 Minuten 1 Mllgr. Atropin subcutan injicirt. Nach einer Minute beginnt die Pupille sich schnell zu erweitern, die Pulsfrequenz steigt auf 27 Schläge in 10 Secunden und verharrt auf dieser Höhe während der ganzen Beobachtung. Nach 3 Minuten ist die Pupille ad maximum erweitert, es verliert sich der Speichelfluss, das Thier erhebt sich, sitzt ruhig, ist zwar sehr erschöpft, aber zeigt sonst keine Erscheinungen des Krankseins. Nach einigen weiteren Minuten geht das Thier umher, ist zwar noch etwas matt, aber sonst vollkommen genesen.

Dass auch in den Fällen, in welchen die Vergiftung, durch kleinere Gaben hervorgerufen, schon viele Stunden hindurch gedauert und die Erschöpfung grosse Fortschritte gemacht hat, dennoch ein günstiger Erfolg zu erwarten steht, beweist unter anderen folgender Versuch.

Bei der Katze, welche zu Versuch XXVII diente und

welche am Vormittage durch Injection von 3 Mllgr. Muscarin vergiftet worden war, hatten die Erscheinungen in unveränderter Gestalt bis 6 Uhr Abends angedauert. Das Thier lag regungslos ausgestreckt da, ohne einen Versuch zu einer Bewegung machen zu können. Von Zeit zu Zeit erschienen krampfhafte Zuckungen in einzelnen Muskeln. Die Pupillen waren vollständig geschwunden, die Pulsfrequenz betrug 9 Schläge in 10 Secunden. Um 6 Uhr Abends werden 2 Mllgr. Atropin subcutan injicirt. Nach 5 Minuten sind die Pupillen etwas erweitert, die Pulsfrequenz ist auf 25 in 10 Secunden gestiegen. Die Respiration verändert sich wenig, ihre Frequenz beträgt wie früher 11 in 15 Secunden. Nach weiteren 15 Minuten sind die Pupillen dilatirt, das Thier verharrt in der sitzenden Stellung, ist zwar sehr matt, zeigt aber sonst keine Krankheitserscheinungen. Die Katze ist im Stande im Zimmer umherzugehen.

Wie zu erwarten war, bleibt das Muscarin völlig wirkungslos, wenn vorher Atropin subcutan injicirt worden ist. Wir haben auch in dieser Hinsicht mehrfach Versuche angestellt und constatiren können, dass nach vorheriger Atropininjection selbst solche Dosen Muscarin ohne alle Folgen bleiben, von denen sonst ein Bruchtheil hinreicht, den Tod des Thieres unfehlbar zu veranlassen. Einen der hierhergehörigen Versuche theilen wir in Folgendem ausführlicher mit.

XXXIV. Versuch. Einer grossen Katze, deren Pulsfrequenz 52 in 15 Secunden betrug, wurde um 11 Uhr 45 Minuten ein Mllgr. Atropin subcutan injicirt. Die Pulsfrequenz stieg sehr bald auf 60 in 15 Secunden, die Pupillen wurden weit und starr, die Mundhöhle vollkommen trocken. Sonst keine Veränderungen wahrnehmbar.

12^h 0^m.   Injection von 3 Mllgr. Muscarin unter die Bauchhaut.

    10^m.   Pupillen noch weiter, Puls 60, keine Vergiftungserscheinungen.

    35^m.   Zustand unverändert derselbe.

    37^m.   Injection von 12 Mllgr. Muscarin unter die Bauchhaut.

    40^m.   Nicht die geringste Veränderung nachweisbar; die Mundhöhle bleibt trocken, die Pupillen weit, keine Erscheinungen, welche auf eine Affection des Digestionskanals hindeuten. Puls 60 in 15 Secunden.

    50^m.   Zustand derselbe. Das Thier erscheint, abgesehen von der Pupillenerweiterung und geringen Pulssteigerung vollkommen normal.

1^h 30^m.   Zustand unverändert derselbe.

Dass bei einem derartig wirkenden Antidote, welchem in der vollsten Bedeutung des Wortes der Name eines „physiologischen Gegengiftes" zukommt, wie bisher noch keines in der Toxicologie bekannt war, die Berücksichtigung der Indicatio symptomatica bei Vergiftungen durch Schwämme unnöthig geworden ist, liegt auf der Hand, es sei denn, dass eine etwa zurückbleibende Entzündung des Digestionskanals die Aufmerksamkeit noch auf einige Stunden in Anspruch nimmt.

Die subcutane Application des Atropins dürfte in allen Fällen der per os vorzuziehen sein, theils weil die Dosis viel geringer genommen und genauer präcisirt werden kann, theils weil die Wirkung eine viel raschere ist, als vermittelst Resorption von der afficirten Schleimhaut des Digestionskanals aus.

www.ingramcontent.com/pod-product-compliance
Lightning Source LLC
Chambersburg PA
CBHW021824190326
41518CB00007B/727